地域資源を活かす

生活工芸双書

倉井耕一　赤星栄志
篠﨑茂雄　平野哲也
大森芳紀　橋本 智 著

大麻《あさ》

農文協

（写真：栃木県立博物館・倉持正実*）

植物としてのアサ（大麻）

●麻の種類

名　称	種　別	繊維採取部位	主な産地	主な用途
大麻（Hemp）	アサ科	靭　皮	中国・ロシア・イタリア	衣料・綱・神事
苧麻（Ramie）	イラクサ科	靭　皮	中国・インド・ブラジル	衣料・資材
亜麻（Linen）	アマ科	靭　皮	中国・ベルギー・フランス	衣料・資材
黄麻（Jute）	アオイ科	靭　皮	インド・バングラデシュ	袋・綱
洋麻（Kenaf）	アオイ科	靭　皮	インド・バングラデシュ	袋・綱
莔麻（イチビ・桐麻）	アオイ科	靭　皮	インド	袋・綱
サイザル麻	クサスギカズラ科	葉　脈	ブラジル・タンザニア	袋・綱
マニラ麻	バショウ科	葉　脈	フィリピン・エクアドル	綱・袋・紙・織物

アサ（*Cannabis sativa* L.）は、アサ科麻属に分類される一年生草本で雌雄異株。約110日間で2～4mに生長する。1万2000年前に中央アジアで栽培化されたという。凍土になる北海道を除けば、ほとんど日本中で栽培が可能。アサの種子は広域に飛ぶことがなく、雌雄の別があるので、簡単には増えない。「大麻」の呼称は明治以降に亜麻、マニラ麻、サイザル麻などの輸入に伴い、従来の麻（*Cannabis sativa* L.）をこれらと区別するため、一般にも使われるようになった。

●アサの畑*。密植にしないと枝分かれしてすぐに枝が伸びる。枝が出ると繊維としての質は落ちてしまう

●アサの葉*。茎の下部で葉柄が同じ部位に集まる対生だが、上部では葉柄の出る部位が交互に変わる互生となる

●アサの草姿（採種用）。草丈は3mになるものもある

●アサの花

●アサの種子。麻の実として七味唐辛子の素材とされてきた

（写真：倉持正実、栃木県立博物館＊　協力：栃木県鹿沼市・野州麻紙工房）

大麻繊維の利用——繊維を紙に、インテリアに

大麻繊維を紙に—野州麻紙を漉く

●野州麻紙のしおり

●各種の野州麻紙

●麻紙を漉く＊　大麻繊維の紙づくりは、繊維が硬いため、漉く前にていねいに叩いてやわらかくする叩解という工程が大事

麻紙を生かしたランプシェードのいろいろ

●野州麻紙工房のカフェ
店内を2階から望む

（写真：倉持正実、協力：栃木県鹿沼市・野州麻紙工房）

野州麻紙工房の大麻利用

アサの産地栃木県鹿沼市下永野。大森さん一家は、1haを超える麻専業農家で、1853年に初代大森半右衛門以来、現在の由久さんが6代目、息子の芳紀さんは7代目となる。大麻の栽培はもちろん、自宅敷地内に野州麻紙工房、カフェさらにパン工房も開設した。カフェの店内はさながら麻博物館。天然酵母で麻の実を使ったパンも好評だ。最近はホテルの内装などに自然素材の大麻繊維を活用してさまざまな意匠を凝らすところもでてきたという。

●店内の製品展示コーナー

●カフェの入り口。柱に麻煮に使うテッポウガマ、屋根は麻幹葺き

●麻幹を利用した植木鉢

●野州麻の精麻

●麻紙を貼った格子戸

●壁紙と麻の壁

麻製品のあれこれ

●麻糸

●麻のストラップ

●麻幹の炭

●麻で編んだ円座と麻布の座布団

●麻紙オブジェ

（写真：栃木県立博物館・倉持正実*）

大麻の茎を活かす――精麻・麻幹《おがら》の利用

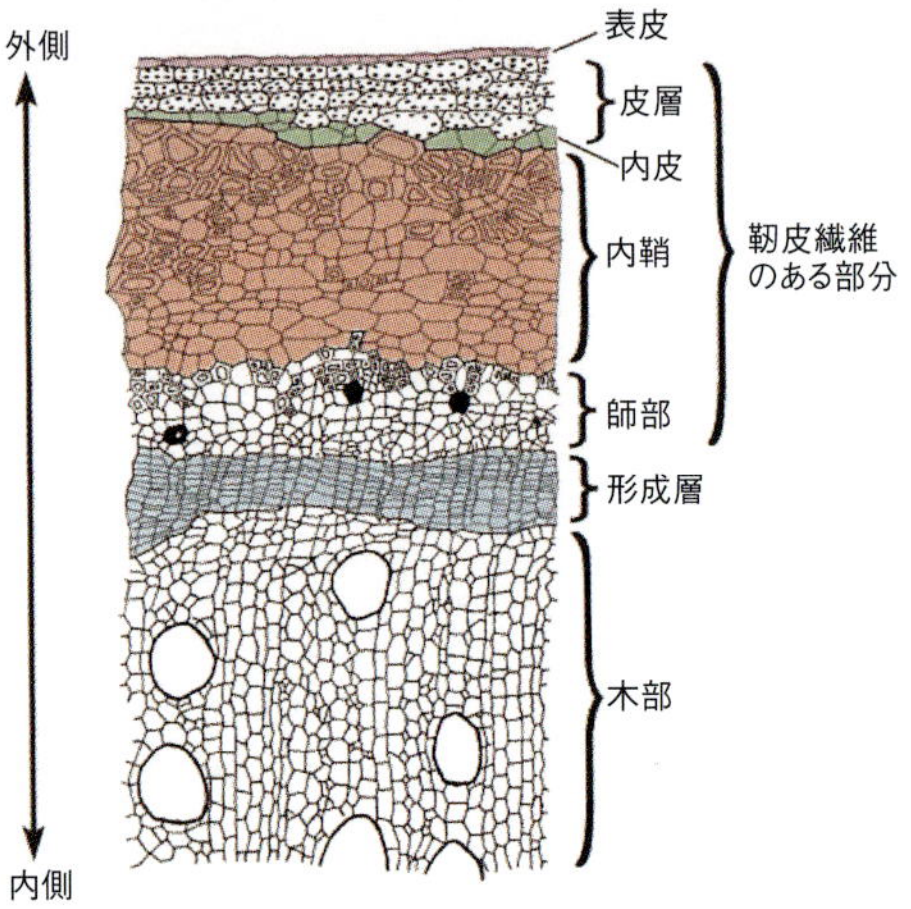

水に強く、吸湿・放湿性にすぐれた繊維の特質は、日本の蒸し暑い夏の衣類にはぴったりの素材であり、また水に強いことから弓の弦、太鼓、網、縄などにも使われてきた。

●麻幹《おがら》*

●精麻

●皮麻

●麻垢《おあか》

麻の茎の利用

アサの茎は木部、靭皮繊維のある部分、表皮から成る。靭皮繊維は精麻に、表皮部分は皮麻、木部は麻幹となる。「麻引き」のときに出るカスは麻垢という。（栃木県立博物館 2008「野州麻 道具が語る麻づくり」）

●下駄の鼻緒の芯縄

精麻の利用では最もオーソドックスなもの

●下駄の鼻緒と芯縄*

●麻織り「奈良晒《ならさらし》」の工程

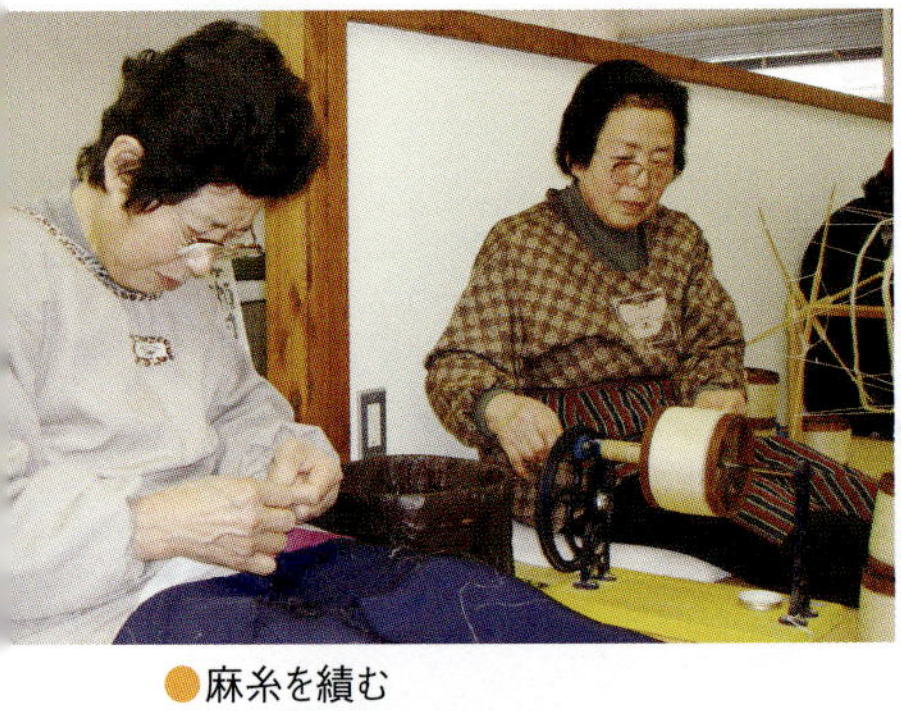
●麻糸を績む

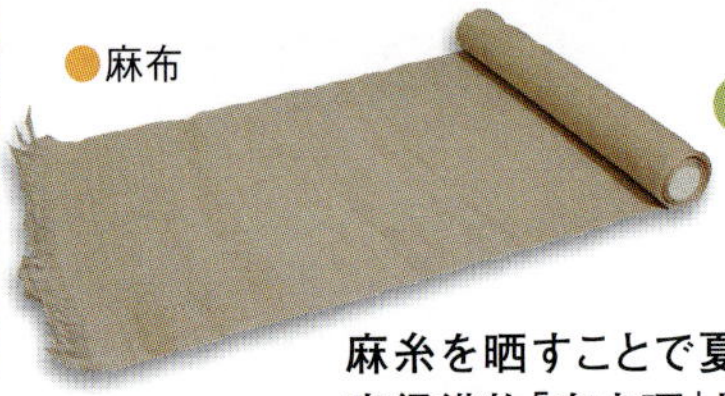
●麻布

●麻糸を績み、糸から布へ

●麻糸

麻糸を晒すことで夏服の高級織物「奈良晒」となる

●高機で織る

●麻布の着物

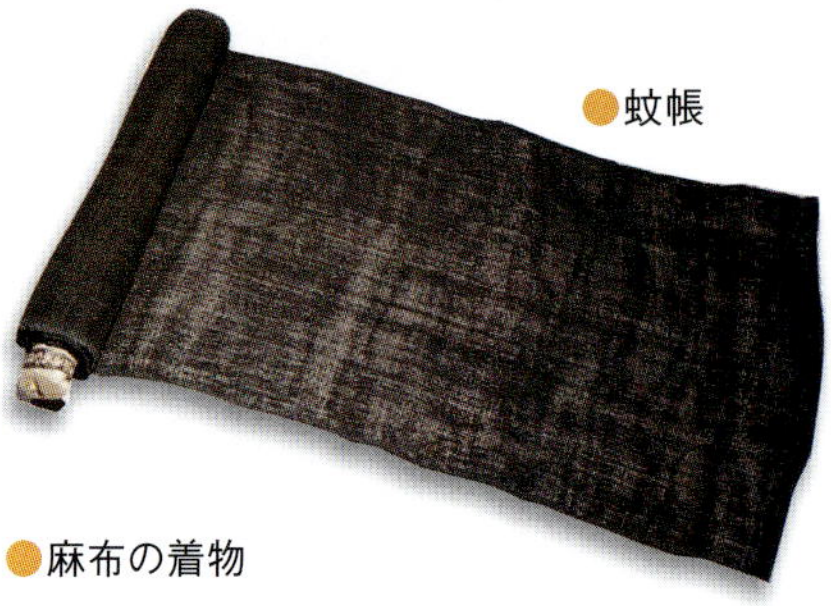
●蚊帳

大麻の茎から――精麻・麻殻《おがら》の利用 懐炉灰・綱ほか

●麻幹を利用した懐炉灰

懐炉灰とは麻殻を炭化させた灰をかため携帯用懐炉の燃料としたもので、使い捨てカイロの登場で消えてしまったが、かつては大きな産業を生んだ。

（写真：橋本智、協力：栃木県栃木市吹上町名淵藤蔵氏、マイコール株式会社）

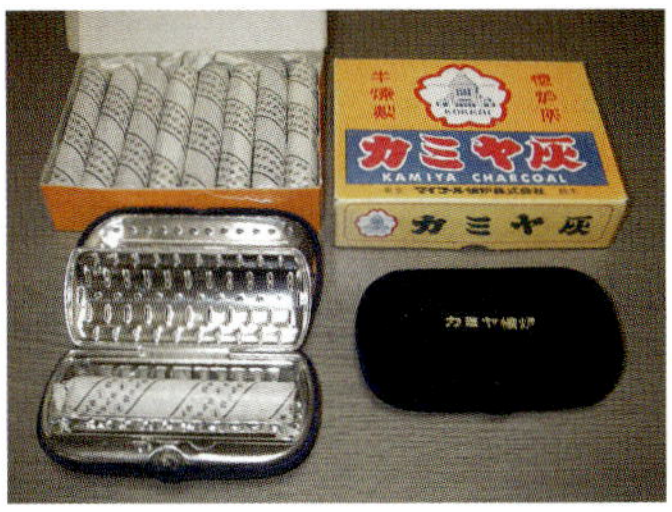

●懐炉灰（上）と懐炉

懐炉灰（原灰）の製造工程

麻殻①を蒸し焼き用の専用の穴②に麻殻を入れて点火し③、水をかけて蒸し焼きにしたあと④、⑤、篩にかけて燃えカスを除去し⑥、石臼で挽いて⑦原灰になる⑧

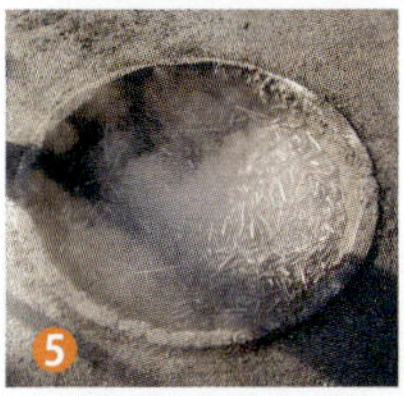

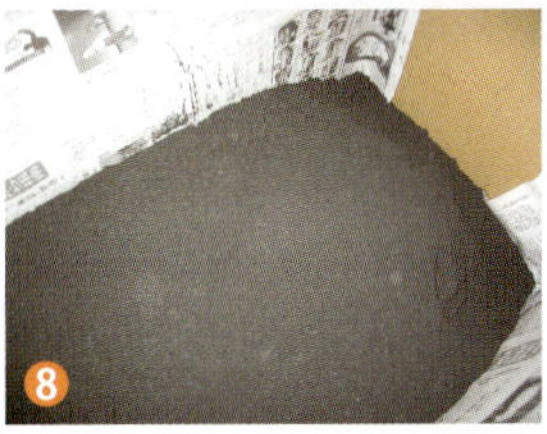

精麻などを利用した綱や漁網

（写真：栃木県立博物館）

●神社の鈴《すず》緒《お》

●弓弦

●漁網

●電柱工事用の命綱

●横綱

麻を育てる

麻糸の用途によって、異なった麻の繊維の太さが求められる。異なる繊維の太さの麻を育てるには、播く種の間隔を変え、日当たりを調節することで対応する。一区画あたり約7～8万粒もの麻の種を播く。日の当たり方によって、麻繊維の生長が大きく変わる。種の播き方は重要なポイントになる。

●播種器に種子を入れる

●播種。車輪のついた箱を入れ柄を引きながら後ずさりして進むと、下部に出ている爪で畝を立てながら同時に播種できる

●コヤシカケ（肥やしかけ）。堆肥をテゴに入れ小脇にかかえて種子の上から直接まく

●播種器。播種器の中には一回り小さな箱があり、種子はローラーに接する穴から整然と落ちる仕組み。写真は泉田式播種器

●アサカキ（麻掻き）。除草と土寄せを同時に行なう作業で、播種後20日くらいで草丈4～5cmと40日後くらいの草丈10～20cmのころに行なう作業

●アサヌキ（収穫）。同じ丈のものを区別しながら根から抜く

●ネキリ（根きり）。アサキリボウチョウを振り下ろして根の部分を切り落とす

●ハブチ（葉打ち）。アサキリボウチョウで葉をそぎ落とす。茎に傷をつけないように行なう

●ナマソマルキ（生麻丸き）。ハブチまで済んだ麻をナマソマルキナワで直径30cmに束ねる

●アサの裁断。長さの定規となるシャクゴの基点にオシギリをセットして切りそろえる

●冬場の堆肥作り。堆肥舎に集めた落ち葉に水を散布し、ワラで覆うなどして発酵を促進させ、発酵具合を見て切り替えし作業も行なう

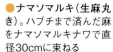

精麻にするまで

大麻の茎の皮を剥いで精麻にするまでの工程は、地域によって多少の違いがある。それを図に示す

●精麻にする方法の比較

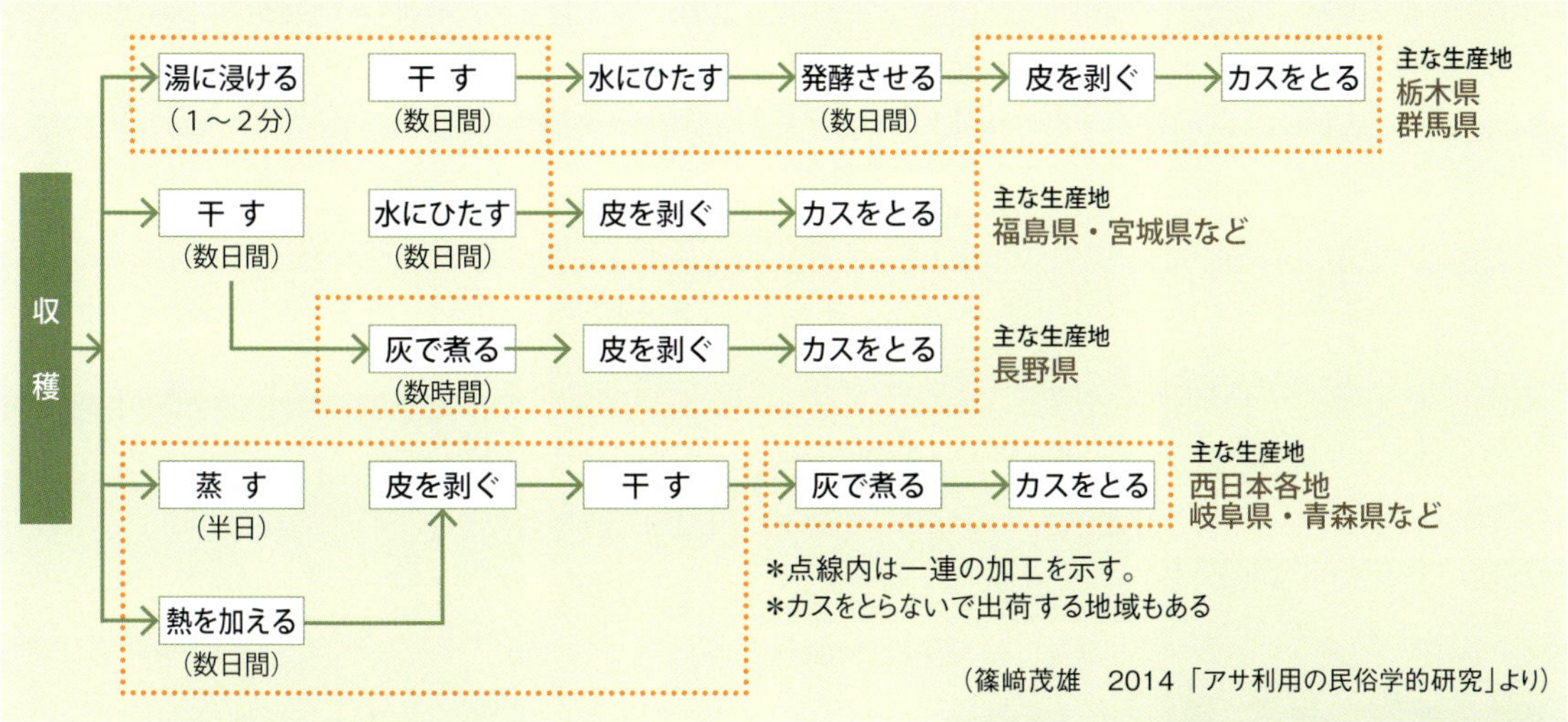

精麻にするまでの工程

（栃木県産精麻の場合）

●湯かけ

●麻干し。手前に追加していく

●水にひたして発酵させる

●皮を剥ぐ

●カスをとる（麻引き）

●麻干し。乾燥の具合を見る

●検品。精麻を計測する

（写真：大麻博物館 2019「麻の葉模様」）

伝統的な和柄「麻の葉模様」

伝統的な和柄として人気のある「麻の葉模様」。正六角形を重ねたようなデザインは、赤ちゃんの産着からスカイツリーの天井まで、日本列島に住む私たちが日々の暮らしに取り入れてきた大麻由来のデザインである。

●麻の葉模様

●**大麻畑**。上から見ると

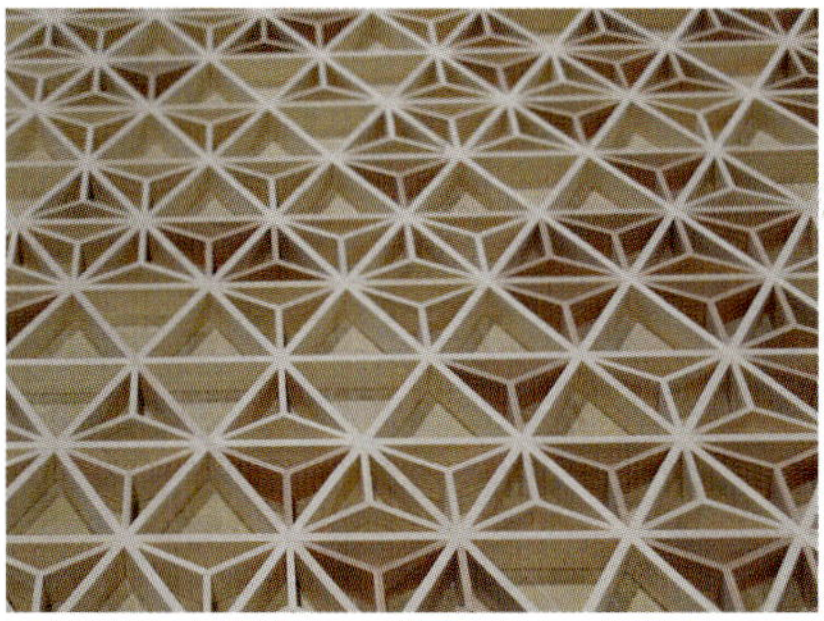

●**建具にも**。組子細工の模様に

●**800年前の鎌倉時代の仏像にも**。京都市上京区の大報恩寺の仏像の着衣のすその装飾。截金《きりかね》（薄く延ばして細切りした金などを貼り付けて模様をつくる装飾技法）で製作され、麻の葉模様がデザインされている

●**産着に**。赤ん坊の保命長寿、厄除け・魔除けの意味を込めたもの

●**歌舞伎の衣装に**。江戸歌舞伎5代目岩井半四郎（1800年代前半）が浅葱色の地色に麻の葉模様の鹿の子絞りのデザインを取り入れて一躍ブームに。絵は歌川国貞の作

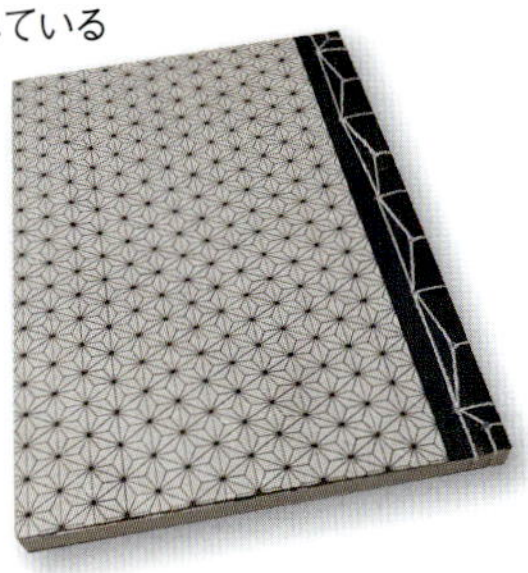

●**冊子に**。和綴じ本の表紙のデザイン。綴じ方も「麻の葉綴じ」

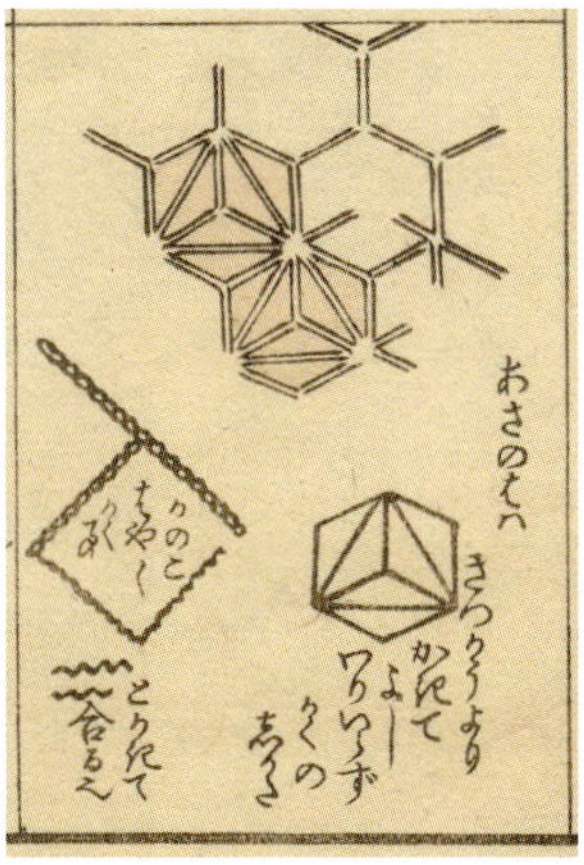

●**浮世絵師葛飾北斎も**。「北斎漫画」で紹介している

●**建物の意匠に**。スカイツリーの展望台入り口のフロア天井の意匠

●**郵便切手に**。「和の文様シリーズ」にも登場

はじめに

「あゝ上野駅」という歌があります。井沢八郎という歌手が歌ってヒットしました。１９６０年代は集団就職の時代で、故郷を離れて都会で働く若い人々の心を支える内容が広く支持されました。その少し前には「かあさんの歌」という曲もつくられます。男性ボーカルグループのダークダックスやペギー葉山などが歌っています。ペギー葉山は、これも上京する者の心情を歌って爆発的に売れた「南国土佐を後にして」の歌い手でした。

「かあさんの歌」のなかに「かあさんは麻糸紡ぐ、一日つむぐ」という一節があります。本書にも出てくる、大麻《あさ》の茎の皮を剥ぎ、カスを落として精製した繊維（精麻）から麻糸を紡ぐ作業を歌い込んでいます。父は、土間で「藁打ち」仕事。夜なべ仕事をする両親の姿を東京に就職した子どもが思い浮かべている、そういう意味の歌でした。高度経済成長に向かう時代が始まろうとしていましたが、故郷では大麻を栽培し麻糸にしている親たちがいた、それが普通の世の中でした。

ところがいまや「大麻」といえば、「薬物所持」の逮捕さわぎばかり。有名人の何某が「タイマ所持でつかまった」ということばかりが報道されるようになってしまいました。「大麻（タイマ）」というだけで口を閉ざしてしまうような雰囲気です。

こういうと「大麻取締法」で大麻の栽培が衰退したかのように思われがちですが、もっと大きな社会の変化が背景にありました。この半世紀のうちに、日本の社会から大麻の需要が急速に減ってしまったのです。大麻繊維の需要として最も大きかったのは、下駄の鼻緒の芯にする縄の原料。さらには漁網や畳糸や綱の原料でした。それが高度経済成長期を経て、下駄から靴へと生活はすっかり変わってしまいました。プラスチックの普及は漁網や綱の素材も変えました。

長野県北部の旧鬼無里村。戦前のこの村は、畳糸の産地として全国の生産量の7割を占めていたそうです。畳糸の原料も大麻繊維でした。「水田以外の平坦地と緩斜面は肥沃で、麻畑に適し、春先の麻の種播きの時期に冬の雪解け水や雨量が適度に多いことから発芽がよい。しかも、生育にあたっては盆地型地形であることから、強風を避けることもできた」(『信州鬼無里　食の風土記』)。風を避けることは良質な繊維生産の条件でした。鬼無里村では、冬場の畳糸の稼ぎにより、出稼ぎに出る必要がなかったそうです。１９３５(昭和10)年の村内の大麻作付面積は１４５ha余、収穫された大麻繊維は81ｔを超えています。１９５６年でも82haで45ｔ。鬼無里小学校の校歌には麻が歌い込まれているほどです。大きく衰退するのは高度経済成長期に入ってからでした。

いまや、国内の大麻栽培はほとんど消えそうな状況にあります。

ところが近年、海外のカナダやＥＵ諸国では、自然素材としての大麻の見直しがすすみ、産業用大麻として生産が増えています。かつて日本列島に暮らす人間に恩恵を与え、深く生活にも根ざしていた大麻が、いまや薬物問題だけにクローズアップされて厄介者扱いされ、大麻をめぐる生活文化が忘れ去られようとしているのとは対照的です。

本書は、大麻の植物としての特徴や、栃木県では無毒化品種の開発以降、ほとんど大麻盗難などの問題がおきていないことを紹介し、これまでの国内での利用の歴史をたどり、明治初年の北海道屯田兵村での取り組みのほか、各地の栽培と利用を詳述します。さらに、栃木県での野州《やしゅう》麻の栽培の様子を追い、繊維、オガラを中心にした利用についてまとめています。

本書が日本列島各地にあった大麻文化を見直し、新たな栽培・利用への道が開かれる一助ともなれば幸いです。

２０１９年5月

農山漁村文化協会

生活工芸双書　大麻《あさ》　目次

麻を利用した出土品のある遺跡一覧（本文27ページ参照）

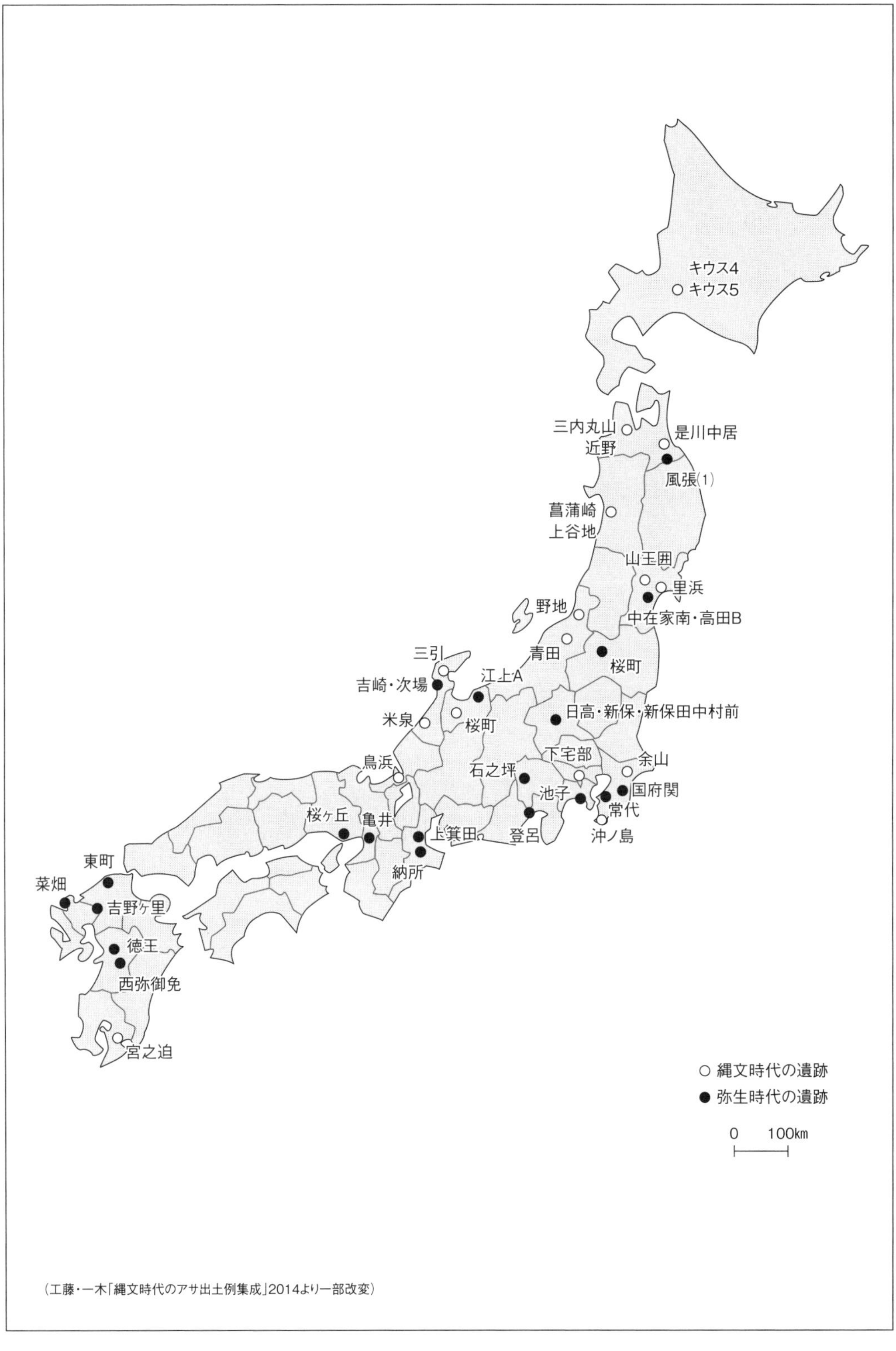

（工藤・一木「縄文時代のアサ出土例集成」2014より一部改変）

1章

植物としての大麻

植物としての特徴

●分類

大麻(アサ)の学名は*Cannabis sativa* L.、英名はHempで、バラ目、アサ科、アサ属に分類される一年生草本である。栽培起源は古いが、すでに野生の大麻は失われているとされ、現在の分類体系では、このサティバ(*Cannabis sativa* L.)に亜種のインディカ(*Cannabis Sativa* subsp. *indeica*)を加えた2種、またはルデラリス(*Cannabis Sativa* subsp. *ruderalis*)を加えた3種に分類される。以前はクワ科とされていたが、托葉が相互に合着しない、種子に胚乳がある等の理由やDNAの類似性からアサ科とされている。

大麻(アサ)の花

●形状

草丈は3mにも及び、熱帯では6mに達する。茎の断面は四角、葉は茎の下部では対生するが上部では互生に変わる。長い葉柄のある掌状複葉で、小葉は3～11枚、粗い鋸葉があり裏面に細かい毛が密生する。雌雄異株で夏に開花する風媒花である。各節から分枝するが、栽培上は密植し分枝をなるべく出さないように管理する。

大麻(アサ)の葉

なお、インディカは草丈が半分程度、ルデラリスは分枝がなく、草丈も4分の1程度である。生長が非常に早く3月下旬に播種したものは7月中旬には草丈が2～2・5mに達する。雌雄異株であるが、種子や幼植物での判定は難しい。雌花は極めて小さく、枝の先端に近い葉腋から生じ、花弁を欠き2本の柱頭が萼《がく》から外に出ている。雄花は枝の先端に生じ、萼と雄蕊《ゆうずい》(おしべ)はいずれも5個を備えている。種実は3㎜ほどのやや扁平な球形で、色は灰褐色から黒色で硬い。

●原産地と来歴

大麻は、繊維と穀物として実を得るために1万2000年前の中央アジアで栽培化されたといわれている。この人類による栽培化で野生種が絶滅する一方で、栽培種は急速に栽培が広がっていったと考えられ、考古学的には日本では縄文時代早期から前期の9500～1万500年前の貝塚から麻の実が見つかっている。奈良時代の『風土記』や『万葉集』にも記述が見られる。

また、中国では歴史書『神農本草経』に紀元前2700年前の神農の教えを伝えている。インドでは『アタルヴァ・ヴェーダ』（バラモン教の呪術的儀式典礼を記したインドの宗教文書。紀元前1500年ころに成立したとされる）で、幸福の源とされ宗教との結びつきがあり、医療としての使用も紀元前1000年ごろに始まった。欧米では大航海時代には船の帆布、縄、紙、オイルなどの需要が高かったが、15世紀のコロンブスのタバコの発見による喫煙習慣の広がりにより、19世紀にはインディカ種の嗜好品が生まれ、医療でも使われるようになった。

しかし20世紀に入り、大麻の娯楽的使用が禁止されるようになった。日本では繊維及び食糧・油糧の利用として発展し、戦前には1～2万haの栽培が行なわれたが、戦後GHQの指令により栽培が規制されて激減し、2015年には6haとなった。しかし、最近無毒化された大麻のハーブとしての利用や、麻繊維のエコロジーの観点からの見直しが行なわれるなど、その存在が再認識されてきている。日本では大麻取締法による栽培者の規制により、栽培が増えるような状況ではないが、国際的には21世紀初頭に医療大麻が承認され、「違法かつ非犯罪化」（法律上違法だが、罰則規定はないもの）という緩い規制へと変化したり、アメリカのいくつかの州では嗜好大麻が合法化されるなどの例外も増えてきている。

●品種

大麻には、薬用型、中間型、繊維型の3つの生理的な違いによる品種がある。この違いは、THC（デルタ-9 テトラヒドロカンナビノール）とCBD（カンナビジオール）の2つの化合物の割合で決まる。

THCはマリファナ効果のある化合物である。薬用型は、THCが2～25%含まれ、CBDをあまり含まない。中間型は、THCとCBDが同じくらい含まれるが、作用としては、THCに支配される。繊維型は、CBDがTHCよりも多く含まれ、THC含有量も0・25%未満の品種である。ヨーロッパ、カナダやオーストラリアなどでは、THC0・3%未満の品種を産業用大麻と呼び、この品種が40品種ほど登録されている。

これらの地域では各国で認可された麻専門の種子会社から各農家へ栽培用の種子が供給されている。しかも、繊維型の品種であればマリファナ効果がないので、種子や茎の利用だけでなく、葉はハーブティに混ぜる茶葉として、花穂は精油をとって甘い柑橘系のにおいが特徴の香水として商品化されている。

日本で栽培されている大麻は繊維を取るための品種で、それぞれの地域で栽培されてきた在来種に分類される。最も栽培面積の多い栃木県ではかつて赤木、青木、白木と呼ばれる生態型が存在し、品質の良い白木が多く栽培されてきたが、現在では無毒大麻と呼ばれている「とちぎしろ」のみを栽培している。大麻に含まれているTHCやCBDなどの化学物質は総称してカンナビノイドと呼ばれるが、その代表的なTHCについて、日本産の大麻の含有量に関する研究によると、本州の在来種のTHC含有率は0・08～1・68％であるが、「とちぎしろ」のTHC含有率は0・2％で、これはヨーロッパ等で採用している産業用大麻の基準である0・3％未満に適合している。

●無毒の「とちぎしろ」の開発

栃木県の大麻の栽培は繊維型のTHC含有量の少ない品種が作られてきたにもかかわらず、しばしばマリファナとして盗用されて大きな社会問題となり、国や県、産地ではその対策に追われてきた。

1967年と1971年に九州大学薬学部の西岡五夫教授が佐賀県と大分県の在来種からTHCをほとんど含まない個体(CBDA種)を発見。栃木県農業試験場鹿沼分場の高島大典氏はその2系統を譲り受け、現地で試作を行なった。しかしその結果は在来種に比較して製麻品質が劣り、種子が大きく既存の播種機が使えないなどの問題が明らかになった。そのため1974年から無毒大麻の新品種育成試験を実施することになり、在来種の選抜系統である「栃試1号」を父に、比較的小粒になった佐賀在来種からのCBDA種の選抜系統を母に交配を行なった。得られた個体をビニールハウス内で隔離栽培し、世代促進も一部取り入れながら系統選抜を繰り返した。なおTHCの選抜には、初期世代では胚軸の紫赤色の個体の除去、次世代からはそれにガスクロマトグラフィ等による選抜を加えた。麻の栽培で茎が紫赤色のものは、繊維の品質が悪いことが知られており、それを発芽してしばらくしてから間引く。後に紫赤色のものはTHC濃度が少し高いことがわかったが、昔からTHCをうまく栽培技術のなかで管理することができていたといえる。

こうして品質が良好でTHCをほとんど含まない系統が選抜されて、1982年に「とちぎしろ」と命名され、種苗登録がなされた。なお普及に当たっては交雑による有毒化を避けるため、既存の在来種の速やかな除去と種子更新、原種栽培における無毒種子の生産、配布を徹底して行なっている。

なお、日本における2015年の栽培面積は約6haで、ほとんどが栃木県西部の山間地であり、わずかに岩手県、福島県で栽培されている。栽培種から野生化したものが各地で見られ、北海道東部では駆除作業が毎年行なわれているようである。

(倉井耕一)

日本における産業用大麻の普及のための品種問題
～栃木県でのアサの品種開発

●盗難防止を目的とした品種開発

大麻取締法は、栽培をする者に対して都道府県知事免許を必要とし、無免許者の栽培、所持、譲渡を罰する制度である。制定当初は、外国人による不法所持での大麻事犯が多かったが、1960年代後半からアメリカのカウンターカルチャー（既存の体制的・支配的文化に対抗する文化。アメリカの若者のなかから生まれた）の影響により、日本人の大麻事犯検挙者が全国的に増加していった。

栃木県では1970年、アサ畑から葉や花などを盗む大麻盗難事件が発生するようになり、72年11月に高速道路の東北道が開通した翌年には38件も発生した。事態を重く見た生産者をはじめとした関係者は、自警団を組織して毎夜巡回をすることになった。しかしながら、日中の労働に加えて、徹夜の見回りは辛く、多くの農家の疲れはピークに達していたという。そこで生産者は、盗難の心配のいらない品種の育成を県に強く要望し、74年から栃木県農業試験場鹿沼分場で育種研究がスタートした。

改良品種「とちぎしろ」は83年に品種登録。2年間かけて生産者により採種圃場が設置され、栽培用の種子が生産された。そして85年度の栽培から県内全域で一斉に「とちぎしろ」に切り替えたのである。切り替え年の85年に2件、翌年の1件を最後に、その後の盗難事件は一切発生していない。このことから品種開発の目的であった盗難防止に大きく貢献したことが統計的に明らかとなった（次ページ図1）。しかし、開発にかかった10年間（1974～84）で189haから40haへと4分の1以上激減したのは、需要の減少とともに大麻盗難事件の影響が大きいと考えられる（図2）。

表1　麻の化学型による品種分類

化学型	名称	生産物	主成分	THC含有量	精神作用
薬用型	マリファナ ハシシュ	医薬用 嗜好用	THC	>2～25%	ある
中間型	産業用大麻 （ヘンプ）	繊維 油	THC CBD	0.3～1.0%	可能性がある
繊維型	産業用大麻 （ヘンプ）	繊維 油	CBD	<0.25%	ない

表2　栃木県農業試験場で開発されたアサの品種

名称	育成年	由来	特性
栃試１号	1929	栃木県南摩村在来	白木種
南押原１号	1950	栃木県西大芦村在来	青木種
とちぎしろ	1983	栃試１号+CBDA品種	白木種

図1　栃木県のアサの作付面積と奨励品種

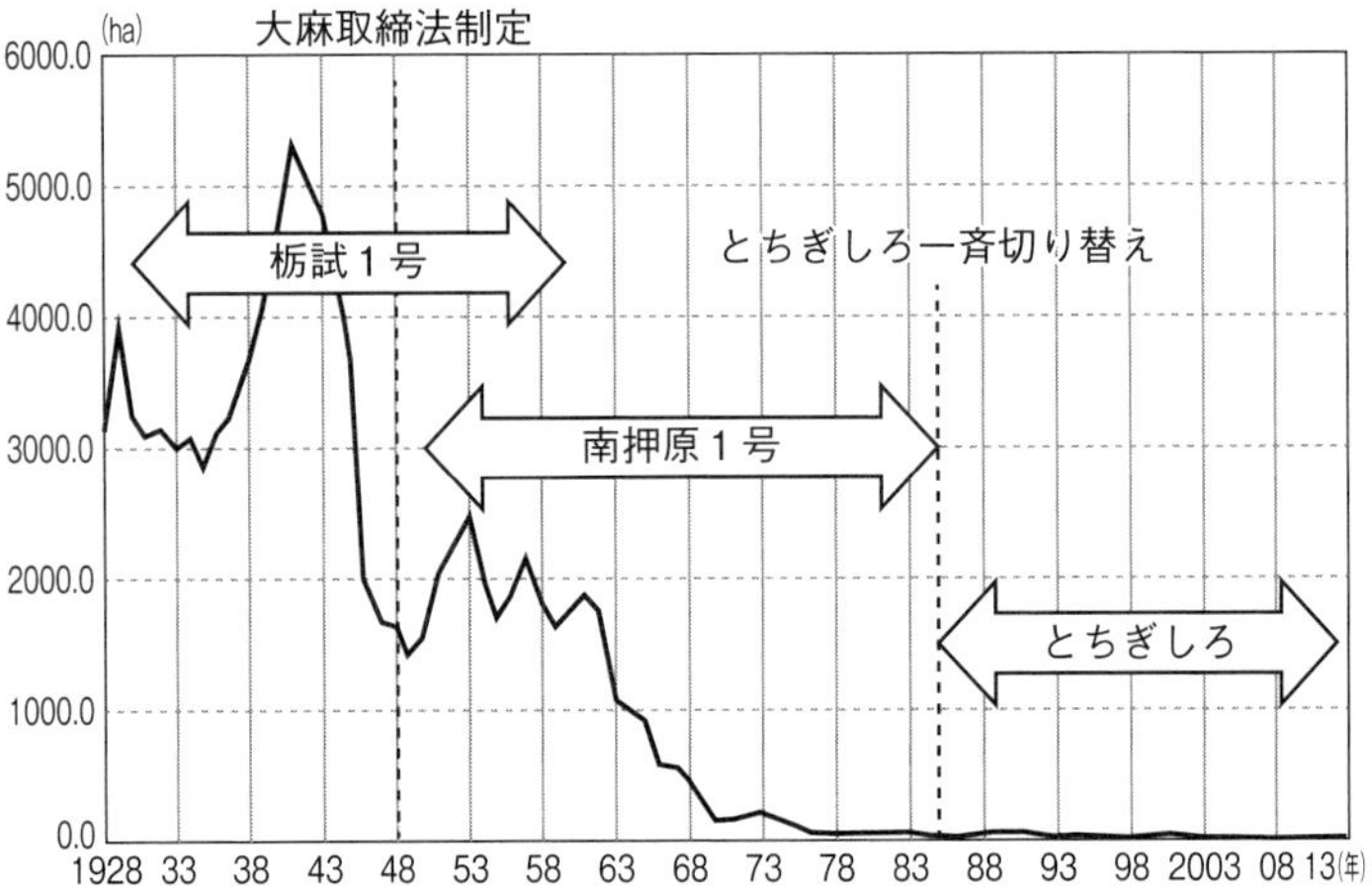

図2　栃木県の大麻盗難事件と作付面積推移

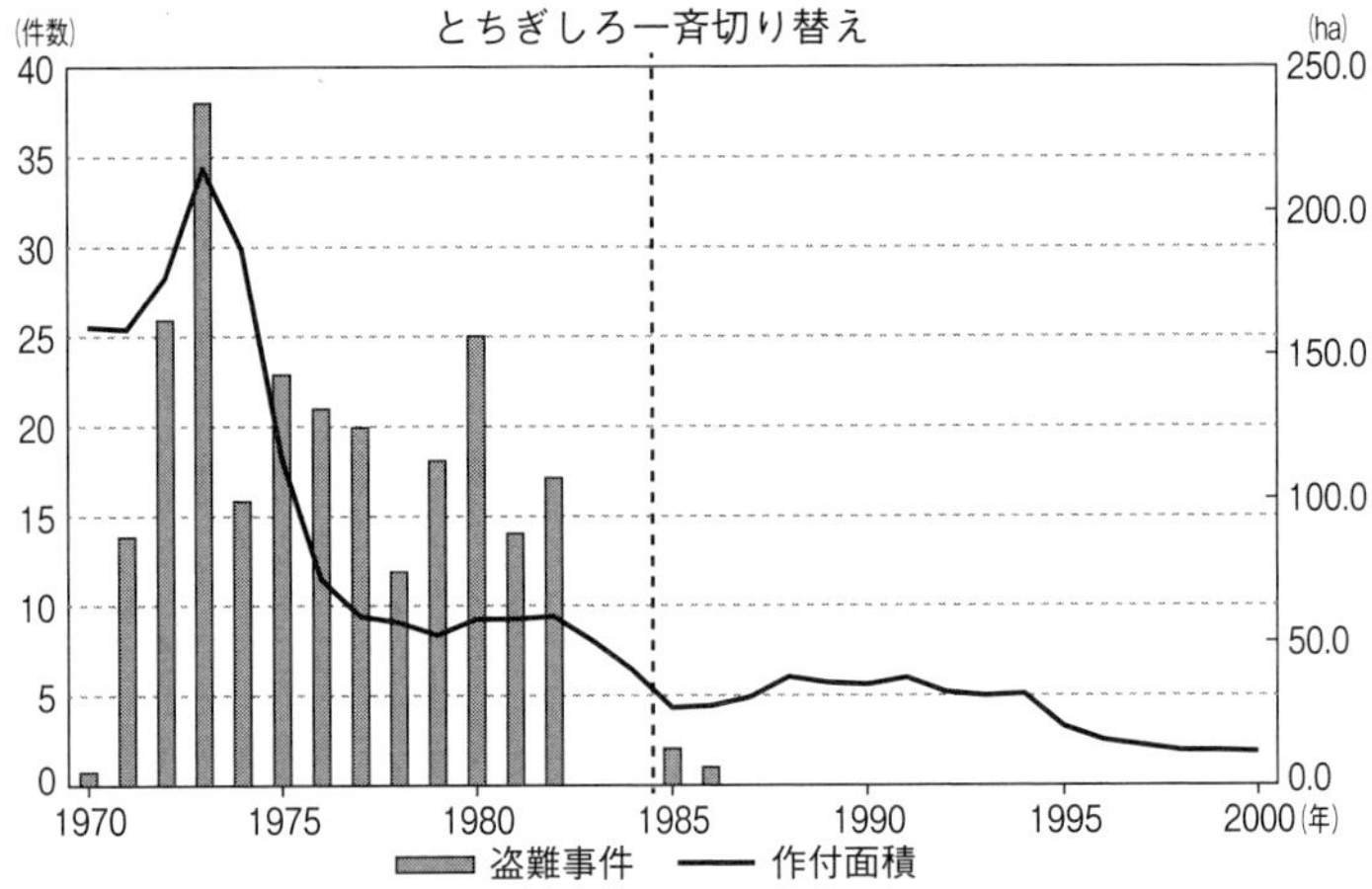

●在来種と「とちぎしろ」のＴＨＣ含有量比較

栃木県で栽培しているアサのＴＨＣ（Tetrahydrocannabinol テトラヒドロカンナビノール＝マリファナの主成分）含有量に関する研究はそれほど多くない。荒牧繁一郎らが『衛生化学』に論文発表した研究では、栃木県の栽培種という表記であるため、当時主流であった「南押原《みなみおしはら》１号」と推測できる。また、世取山《よとりやま》守らが『薬学雑誌』に発表した論文では、在来種を「栃試《とちし》１号」と明記している。世取山らが『栃木衛生研究所所報』に発表した論文では、ＨＰＬＣ法とＧＣ法の２つの分析法の比較をしている。この研究では、品種名が明示されていないが、世取山が「とちぎしろ」の研究者であり、その親株で在来種と言えば「栃試１号」を指していることから、「栃試１号」と考えられる。

１９８３年に品種登録した「とちぎしろ」は、従来の在来種よりもＴＨＣが極めて少ないという表現を定着させるために、栃木県および農業試験場が「無毒大麻とちぎしろ」の名称で普及させた経緯がある。文献においてＴＨＣ含有量を定性的に評価したものはあるが、定量化したデータが長らく公開されていなかった。おそらく、防犯対策上を考慮したものと考えられる。その後、97年の厚生科学研究費補助金で「ＤＮＡ鑑定に関する研究」に参画した研究者を中心に、近年の分析技術の発展に対応した研究が行なわれた。「とちぎしろ」のＴＨＣ含有量はＬｅｅらの研究によると０・２％であり、長野農業試験場で行なわれた根本和洋らによる研究では平均０・１５６％であった（図３）。ＥＵおよびカナダで採用されている産業用大麻品種の基準である0・2%以下または0・3%未満の条件に適していることが明らかとなった。

●栃木県と他地域とのアサ栽培管理の違い

栃木県は、従来から他県と比較して大規模に栽培が行なわれていたことから、「とちぎしろ」が普及してからも盗難防止のための柵設置を一切していない。その代わり、県農業試験場が「とちぎしろ」の原々種を管理し、生産者の栽培用に種子を増殖した畑を使い、県保健環境センターによって無毒大麻試験を行政試験として毎年実施している。2007年の『栃木県保健環境センター年報』や『公衆衛生』2011年1月号によれば、薄層クロマトグラフィーによる定性試験を行ない、THCスポットが検出されないことによって品種の形質維持を確認している。栃木県保健環境センターによると、この行政試験でTHCスポットが大きく出て、畑ごと全処分となったケースは過去10年以上遡ってもなく、THC量が極めて低い状態で、安定化していることが示唆された。

図3 在来種および「とちぎしろ」のTHC含有量

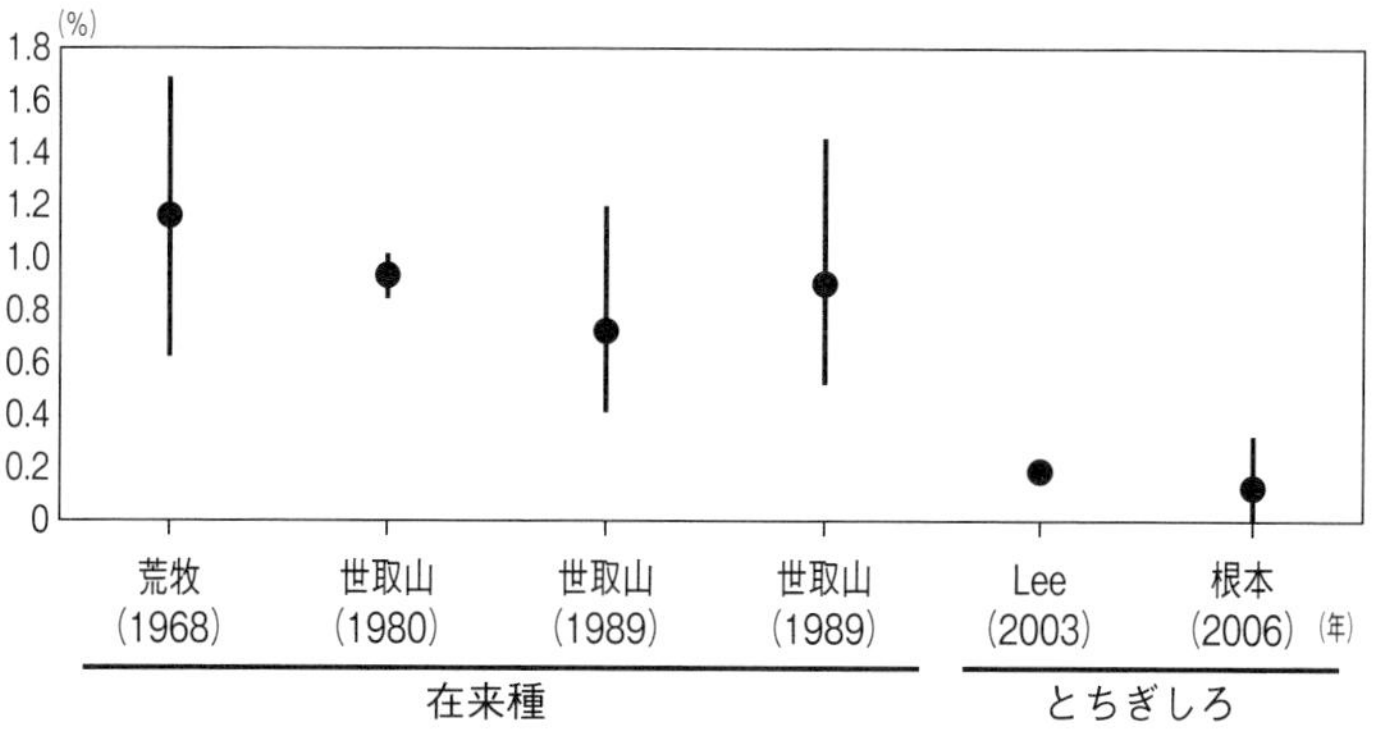

現在、「とちぎしろ」に全面的に切り替わった1985年から30年以上経っているが、道端に栽培していても、大麻盗難の被害は皆無である。他県では、新規で栽培免許を取得するときの条件として柵や監視カメラの設置を義務付けられる。たとえ、栃木県よりも小規模な作付面積0・1ha未満で、栽培品種が「とちぎしろ」や他の産業用大麻の品種であっても、盗難防止のための柵や監視カメラの設置を求められている。この盗難対策の費用は、工事用メッシュ、防風網、単管パイプ、監視カメラ2台の組み合わせで比較的簡易なものであっても10a

図4 各地のアサ栽培における10a当たりの盗難対策費

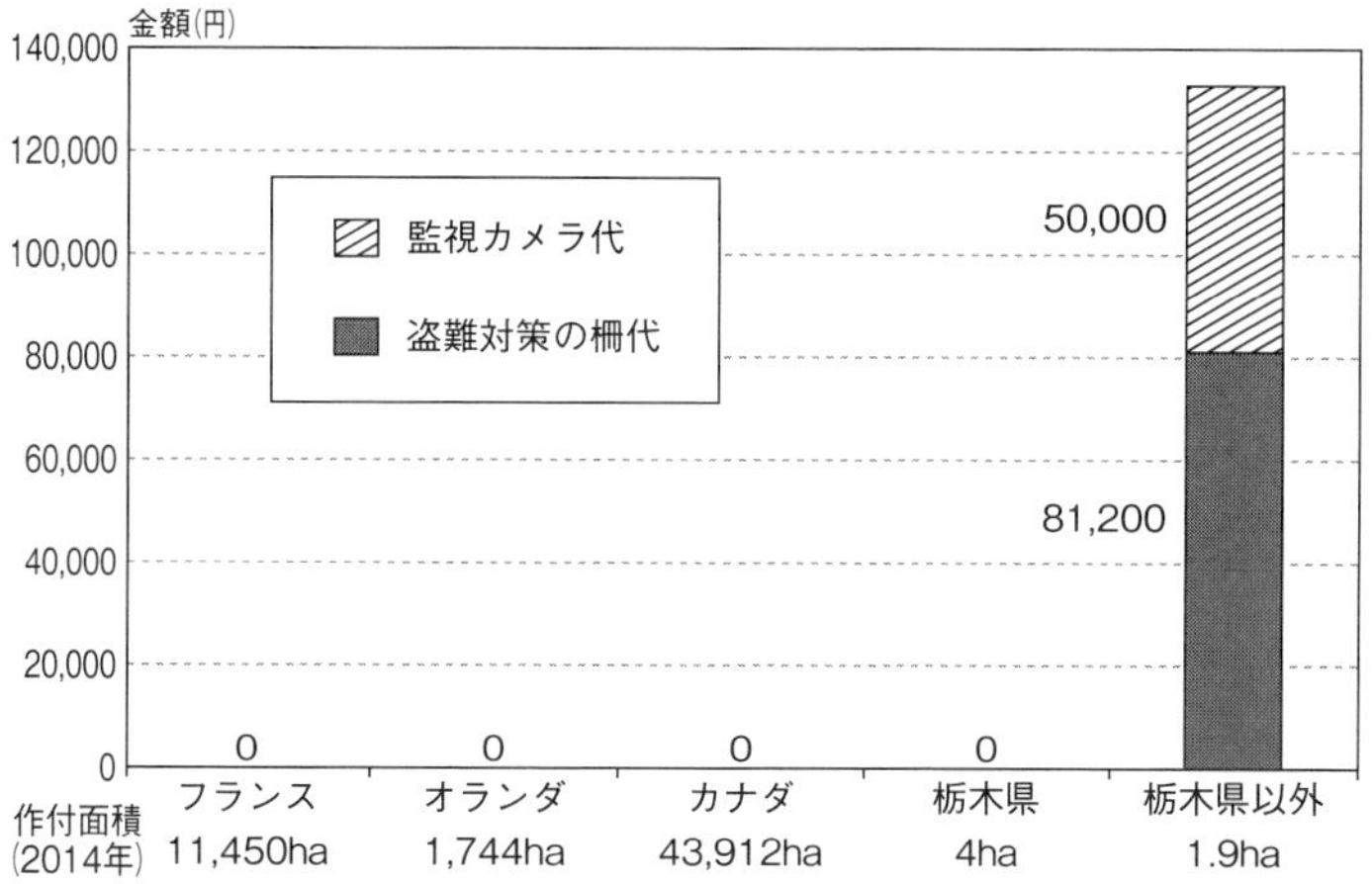

（1反歩）当たり約13万円かかる。この費用は、2010年に独立行政法人・農研機構中央農業研究センターが試算した、獣害対策の電気柵10a当たり13万円とほぼ同額である。北海道ヘンプ協会『ヨーロッパ産業用大麻国際会議報告書』によれば、1000～4万ha規模で産業用大麻を栽培している海外の国において、盗難防止のために柵や監視カメラを設置して栽培している国は存在せず、それに対する費用と労力は一切発生していない。

●盗難防止の法的根拠の問題点

柵や監視カメラ設置による盗難防止措置の法的根拠は、次の大麻取締法の第二十二条の二第2項にある。

大麻取締法

第二十二条の二　この法律に規定する免許又は許可には、条件を付し、及びこれを変更することができる。

2　前項の条件は、大麻の濫用による保健衛生上の危害の発生を防止するため必要な最小限度のものに限り、かつ、免許又は許可を受ける者に対し不当な義務を課することとならないものでなければならない。

本研究に協力した麻農家のヒアリングによれば、許認可権をもつ行政側から見ると、アサ栽培は、大麻乱用の助長＝大麻取締法違反者の増加＝大麻盗難事件の発生という図式を想定している。仮にアサ栽培が大麻乱用を助長しているならば、栃木県は全国有数の大麻事犯地帯にならなければならない。ところが、全国と栃木県の大麻事犯検挙者数を比較すると、全国では1970年代半ばから1000名以上を突破し、増加傾向にあるのに対して、栃木県では10～20人で平均して推移し、全国的な増加傾向とはまったく連動していない（図5）。

図5　全国と栃木県の大麻事犯の検挙数

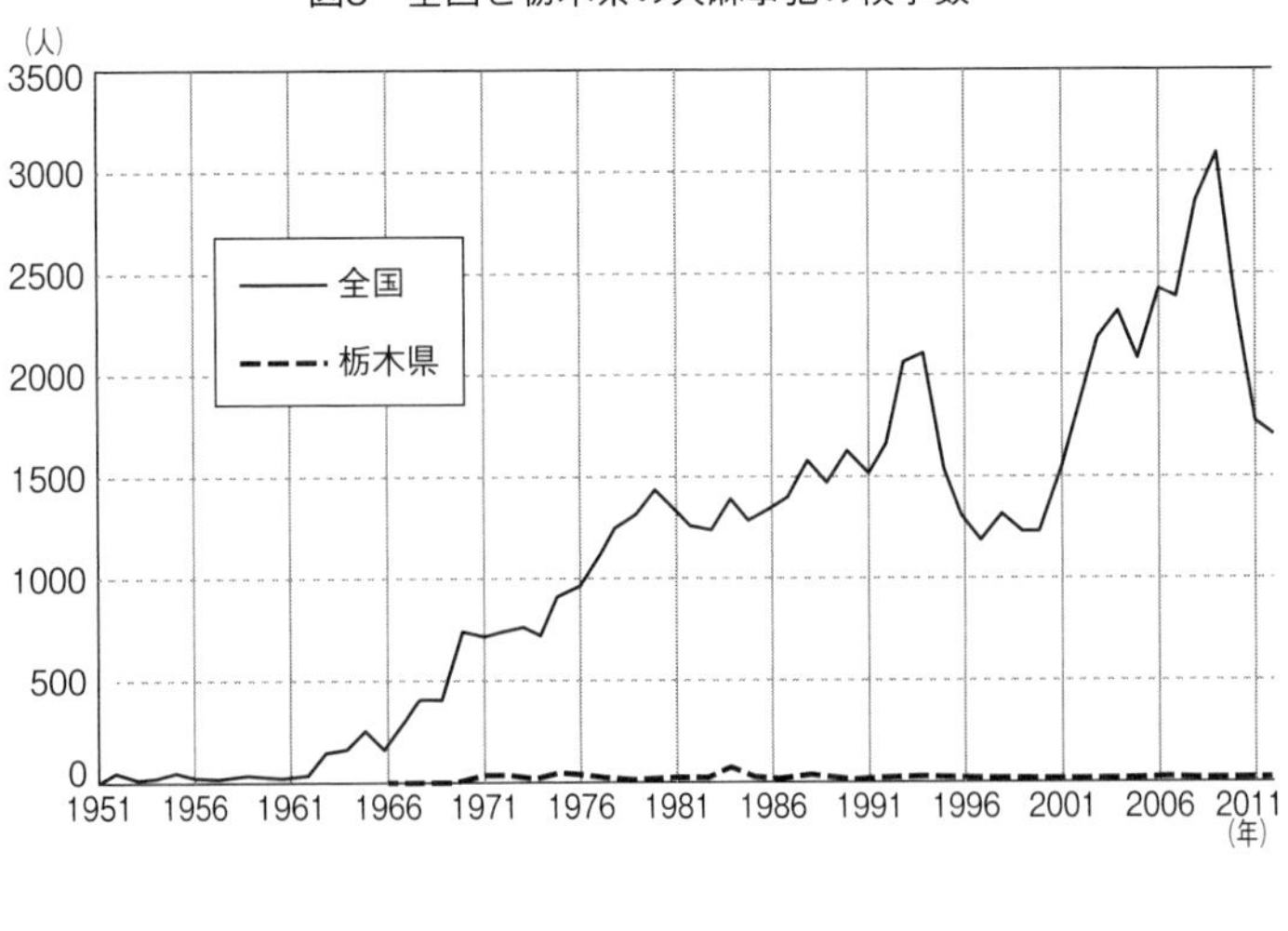

さらに、栃木県の栽培方法（栃木県農務部編『農作物施肥基準』）では、10a当たり5万5000本のアサが栽培されており、1990年代頃は30haで1650万本、2000年頃は10haで550万本、2014年の4haで220万本となる。この本数規模は、北海道の野生大麻の駆除本数である約100万本の2

～16倍に相当する。これらの本数が毎年植えられていても、1本も盗難事件が発生していない。このことは、許可した行政や生産者などの関係者がマリファナ効果のない産業用大麻品種であることを対外的にアピールすることによって、柵設置や監視カメラがなくても盗難防止ができることを示唆している。

したがって、法律の条文では「危害の発生を防止するため必要な最小限度のものに限り」とあり、盗難防止のための柵や監視カメラの設置は、大規模栽培している諸外国の事例および栃木県の事例を見る限り、「必要な最小限度」を超え、「免許又は許可を受ける者に対し不当な義務を課する」に相当すると解釈できる。ただし、事件となる大麻と産業用大麻の区別に対する国民の理解が進んでいない中では、行政の対応として難しい側面もある。

●THCゼロ%品種の導入問題

「とちぎしろ」の開発に目途がついた1980年代前半、栃木県薬務課麻薬取締官は「現在県内外の盗難事犯も多いので無毒大麻が普及できれば、大麻取締法も改正され、戦前のように自由に作付けも可能になるだろう。当分の間は現行法で行なわざるを得ないだろう」と発言している(栃木県農業試験場『無毒大麻品質に関する検討会資料』1979年)。

しかし、「とちぎしろ」はTHC成分のある在来種と交雑するとTHC成分を有することや先祖帰りの危険性があるため、品種の形質維持のために厳格な原種管理をしている。アサは風媒花であり、花粉が遠くへと運ばれる可能性がある。そのため野生大麻が多い北海道、青森、群馬などで栽培する場合は、アサ畑の周囲にTHC成分が高い種が存在すると交雑するおそれがある。カナダの研究では、アサ畑の周囲100m以内に99%の花粉が落下し、栃木県の研究では、50m以内に99%の花粉が落下することが明らかになっている。2つの異なるアサの品種を栽培する場合、カナダでは、1000m以上距離をとることをガイドラインとして定めている。

交雑および品種の形質維持の問題対応は、日本よりも栽培規模が桁違いのEU諸国およびカナダにおいて、すでに長年実践されている。アサ栽培者は、政府が指定する産業用大麻の品種を使うことを義務付けられ、指定された外部の種子会社から毎年購入する。産業用大麻の品種は、EUで51品種、カナダで39品種が指定されている。アサ栽培者は、自家採取した種子を翌年に播種をしない体制となっている。栃木県では、指定された品種を「とちぎしろ」のみとし、指定された外部の種子会社の役割を県農業試験場が担っている。

ところが、他県ではそのような体制がなく、自家採取した種子を使っている。さらに、栃木県以外の県で新規に「とちぎしろ」で栽培するには、栃木県と同じように農業試験場が種子を管理し、ＴＨＣ検査体制を整え、播種用の種子を増殖する仕組みを作ることが条件となっている。アサといえば大麻取締法での規制植物というイメージが強く、農業振興の予算が限られている中で、アサという農作物だけに栃木県と同じような特別な原種管理体制を新しく構築することは極めて難しい。

そこで国内で産業用大麻の種子の入手が難しいとなると、海外の種子会社から品種導入を検討することになる。ヨーロッパで最も産業用大麻を生産しているフランスでは、ＴＨＣゼロ％の産業用大麻の品種「Santhica23」が１９９６年に開発され、その後継種の「Santhica27」が２００７年から農業生産の現場で用いられている。この品種は、ＴＨＣおよびＣＢＤ（Cannabidiol、カンナビジオール）の前駆物質であるＣＢＧ（Cannabigerol、カンナビゲロール）だけを生合成するタイプである。いわゆるゼロ％品種と呼ばれている。

新規のアサ栽培者は、ゼロ％品質をフランスの種子会社から毎年購入し、輸入することで、交雑のおそれを回避することができる。栃木県と同じような農業試験場の管理体制を構築する手間も必要としない。このゼロ％品種は、日本で栽培されている盗難防止のために開発された「とちぎしろ」よりも盗難のリスクがさらに低い品種である。ゼロリスク志向の強い日本人の国民性から考えると、導入して普及を積極的にすべき品種である。

ところが、このゼロ％品種が購入できないという大きな課題がある。アサの種子であれば輸入時に外為法により発芽する種子はすべて非発芽処理（熱処理）をしなければならない、ゼロ％種子は、生育しても大麻であることの証明となるＴＨＣ成分がまったく検出できない。法律論では、植村立郎『大麻取締法、注解特別刑法５』によると「ＴＨＣを含有しない大麻が新たに種として固定されるようになったときは、同一に論じえないのであって、この種の大麻は本法の適用を受けないことになろう」と指摘し、船山泰範は「将来の規制方法としてはＴＨＣそのものを規制対象に取り上げるほうが合理的かもしれない。大麻を規制対象のベースとしている現行の大麻取締法は、この見地から見直しが必要であると思われる」と指摘している。実質的に大麻でないものを輸入規制するとなると法的矛盾が生じることが示唆される。ゼロ％品種の導入には、画一的な規制の見直しが必要となることが考えられる。

●産業用大麻栽培の展望

本稿では、産業用大麻が普及するための品種に関する問題に焦点を当て既存の文献情報を整理してきた。最後に、本研究を整理し今後に向けての課題も確認しておきたい。

まず、１９７０年代のカウンターカルチャーの影響により大麻盗難事件が多数発生したが、産業用大麻品種である「とちぎしろ」に一斉に切り替わったことによって、盗難事件が皆無となったことが統計的に明らかになった。

第二に、「とちぎしろ」は従来から栽培されてきた栃木県の品種よりTHC含有量が少なく、EUやカナダで採用されている産業用大麻品種の基準に該当することが明らかになった。

第三に、栃木県の約30年間の実績により、産業用大麻品種の栽培は、盗難防止のための柵や監視カメラを設置しなくても、大麻事犯の全国的な増加傾向と連動せず、大麻乱用の助長につながらないことを示した。

第四に、栃木県以外で求められている盗難防止のための柵や監視カメラの設置義務付けは、アサ栽培者にとって経済的にも労力的にも過大な負担であり、大麻取締法の第二十二条に定めた項目の「必要な最小限度」を越え、「不当な義務を課する」に相当すると解釈できる。ただし、産業用大麻に対する国民の理解が進んでいないなかで難しい側面もある。

第五に、交雑および品種の形質維持の問題は、作付面積が大規模な欧米諸国では、アサ栽培者に対して政府が指定する産業用大麻の品種を使うことを義務付け、自家採取した種子を使わず、指定された外部の種子会社から毎年購入することで対応している。

最後に、栃木県以外で産業用大麻を普及するには、栃木県と同様の品種管理体制を構築する、あるいは、海外の種子会社から毎年購入して輸入することである。しかし、前者は、予算や理解の面で難しく、後者は、THCゼロ%品種であっても画一的な輸入規制が大きな課題となっている。

（赤星栄志《よしゆき》）

アサについての記述がある農書一覧

（本文２、３章参照）

農書名	場所	時代	作者	内容
耕作口伝書	陸奥（青森県）	1698（元禄11）年	一戸定右衛門	津軽藩士が記述。アサの播種や加工について記載されている。
奥民図彙	陸奥（青森県）	1781～1800（天明1～寛政12）年	比良野貞彦	津軽地方の農民の風俗を絵入りで記録したもの。アサを加工する際に使用する苧引き金が紹介されている。
軽邑耕作鈔	陸中（岩手県）	1847（弘化4）年	淵澤圓右衛門	軽米地方の小麦、雑穀、アサ、野菜などの栽培法について記載されている。
会津農書	会津（福島県）	1684（貞享元）年	佐瀬与次右衛門	会津地方における農業の様子や農具の発達段階について書かれている。アサの栽培に適した土壌、播種や収穫の時期や方法などについて詳しく記載されている。
会津歌農書	会津（福島県）	1704（宝永元）年	佐瀬与次右衛門	『会津農書』の内容を歌で表現することで、農民にわかりやすく伝えるもの。アサの収穫や加工に関した歌が見られる。
会津農書附録	会津（福島県）	1688～1710（元禄1～宝永7）年	佐瀬与次右衛門	農業技術に関する覚書を労農と農民の対話形式をとることで、わかりやすく紹介したもの。アサの収穫に関する問答などが記載されている。
菜園温故録	常陸（茨城県）	1866（慶応2）年	加藤寛斎	村の見聞をまとめたもの。アサの播種や加工について述べている。
稼穡考	下野（栃木県）	1817（文化14）年	大関増業	黒羽藩主自らが編纂した農書。アサの作り方を紹介している。
農業自得	下野（栃木県）	1841（天保12）年	田村仁左衛門	北関東の農業についてまとめた書。粟野（現・鹿沼市）付近が北関東一の麻産地であることなどを紹介している。
農業要集	下総（千葉県）	1826（文政9）年	宮負定雄	『農業全書』の影響を受け、下総の状況を記述した書。アサの播種や加工、麻糸の製法について書かれている。
北越新発田領農業年中行事	越後（新潟県）	1830（文政13年）	九之助・善之助・太郎蔵	地域の篤農家3人が記したもの。アサの作り方を紹介している。
私家農業談	越中（富山県）	1789（寛政元）年	宮永正運	越中の農耕の状況を記したもの。アサの栽培法を紹介し、その栽培を勧めている。
耕稼春秋	加賀（石川県）	1707（宝永4）年	土屋又三郎	加賀地方の農業全般について書かれた書。アサの播種・加工について詳しく紹介している。
農業図絵	加賀（石川県）	1717（享保2）年	土屋又三郎	農耕の様子を月ごとに絵で著したもの。アサの播種、畑の地拵え、施肥、収穫の様子が描かれている。
農事遺書	加賀（石川県）	1709（宝永6）年	鹿野小四郎	各種農作物の栽培法をまとめたもので、アサについては、播き方、管理の仕方、皮の調整法について書かれている。
一粒萬倍 耕作早指南種稽歌	若狭（福井県）	1837（天保8）年	伊藤正作	アサの耕作についての記述が見られる。
家訓全書	信濃（長野県）	1760（宝暦10）年	依田惣蔵	農業技術を子孫に伝えるために著した書。アサの播種や加工について書かれている。
農具揃	飛騨（岐阜県）	1865（慶応元）年	大坪二市	飛騨地方の風俗を月ごとに紹介したもので、アサの播種、収穫、糸績みに関する記述が見られる。
百姓伝記	遠江・三河（静岡県・愛知県）	1681～83（天和1～3）年	作者不詳	江戸時代初期の遠江・三河地方の農業技術をまとめたもの。アサの栽培法と麻糸の作り方を紹介している。
農業余話	摂津（大阪府）	1828（文政11）年	小西篤好	アサの播種、収穫の時期や方法、留意点を記述している。
農業全書	畿内（近畿地方）他	1697（元禄10）年	宮崎安貞・貝原楽軒	日本の農事・農法を体系的に記録した書。アサの耕作法について書かれ、特に油麻（果実の採取を目的に栽培されたアサ）に関する記述が詳しい。
作もの仕様	丹波（兵庫県）	1837（天保8）年	久下金七郎	文化～天保期における丹波地方の米・麦・野菜の農業技術について書かれている。アサの播種の時期に関する記述が見られる。
耕耘録	土佐（高知県）	1834（天保5）年	細木庵常・奥田之昭	農業の様子を月ごとに紹介したもの。アサの播種の時期が記されている。
労農類語	対馬（長崎県）	1722（享保7）年	陶山訥庵	対馬の農民からの聞き書きをまとめたもの。また『農業全書』の記述と比較し、その特色について考察している。対馬各地でアサが栽培されていたことがわかる。
久住近在耕作仕法略覚	豊後（大分県）	1818～30（文政1～13）年	著者不詳	3人の農夫からの聞き書きによる。アサの播種の時期が記されている。
合志郡大津手永田畑諸作時候之考	肥後（熊本県）	1819（文政2）年	著者不詳	米・麦・アサなど各種作物の栽培法をまとめたもの。一畝当たりの播種量と収量なども紹介している。

（作表：篠﨑茂雄）

2章

利用の歴史

アサの利用特性

●植物分類学上のアサ

植物分類学的にみると、アサ（*Cannabis sativa* L.）は、アサ科に属する一年生の草本である。新聞等で使用される「大麻草」とは、アサの俗称で、日本薬局方や大麻取締法における呼称である。カラムシ（苧麻、ラミー）、アマ（亜麻、リネン）、コウマ（黄麻・綱麻、ジュート）、ケナフ（洋麻・ボンベイ麻）、マニラアサ（マニラ麻、アバカ）、サイザルアサ（サイザル麻）、ボウマ（イチビ・莔麻・桐麻）などとともに一括りに「麻」と表記されることもあるが、これらの植物は、アサとは別の種であり、生育に適する地域はもちろん、栽培・加工方法、繊維の採取部位、繊維の性質はそれぞれ違う。そのために繊維の用途も異なる。

●アサとカラムシ

このうち、日本と特に関係が深いのは、アサとカラムシである。カラムシ（*Boehmeria nivea* var. *niponoivea*）は、イラクサ科に属する多年生の草本で、野生のものは地下茎を伸ばして田の縁や道端などに群生し、1～2mの高さにまで生長する。茎から採れる繊維は、アサと同様に衣料や漁網、綱などに加工されたが、カラムシのほうがより長くて柔らかな繊維が採れるので、特に衣料の原料として優れていた。そのため、古代の調布（租税の一つとして納める布のこと）の一部はカラムシから作られ、中世から近世にかけての越後国（佐渡島を除く新潟県）や出羽国（現在の山形県と秋田県）などでは換金作物としてカラムシを栽培し、それを加工したものを「紵《からむし》」「青苧《あおそ》」「真苧《まそ》」として出荷していた。現在も福島県昭和村や沖縄県宮古島市などで生産されたカラムシは、小千谷縮、宮古上布、近江上布など高級麻織物の原料となっている。

麻の種類

名称	種別	繊維採取部位	主な産地	主な用途
大麻（Hemp）	アサ科	靭皮	中国・ロシア・イタリア	衣料・綱・神事
苧麻（Ramie）	イラクサ科	靭皮	中国・インド・ブラジル	衣料・資材
亜麻（Linen）	アマ科	靭皮	中国・ベルギー・フランス	衣料・資材
黄麻（Jute）	アオイ科	靭皮	インド・バングラデシュ	袋・綱
洋麻（Kenaf）	アオイ科	靭皮	インド・バングラデシュ	袋・綱
莔麻（イチビ・桐麻）	アオイ科	靭皮	インド	袋・綱
サイザル麻	クサスギカズラ科	葉脈	ブラジル・タンザニア	袋・綱
マニラ麻	バショウ科	葉脈	フィリピン・エクアドル	綱・袋・紙・織物

一方、アサとカラムシの両方を栽培し、自家用の着物を作っ

ていた福島県奥会津地方では、カラムシから採った繊維は主に余所行《よそゆ》きの着物に、アサは野良仕事着とした。そして、祭礼や人生の特別な日には、アサで作った着物を着用した。また、近江上布や高宮布《たかみやぬの》の生産地として知られる滋賀県湖東地方では、経糸にアサ、緯糸にカラムシの糸を使った着物が見られる。アサとカラムシの繊維はよく似ており、判別することは難しいが、生活のなかで両者を使い分けていた。また、アサは種を播いて育て、その年に収穫されるのに対し、カラムシは宿根から育て、収穫までには2～3年ほどかかる。したがって、栽培方法においても大きな違いが見られた。

●明治以降に広まる「大麻」の表記

ところで、アサの漢名は「大麻」である。中国でも古くは「麻」と呼び、胡麻と区別するための「漢麻」、また俗称として「火麻」の語も見られる。その雄雌は区別され、繊維を採るための雄麻は「枲麻」や「牡麻」、実の生る雌麻は「苴麻」もしくは「茡麻」という。中国の代表的な本草書『本草綱目』(李時珍編纂・1596年刊)には「大麻」の項目が設けられ、呼称の由来とあわせて、繊維や果実が利用され、健忘症、疼痛、便秘、生理不順などに効能がある薬が抽出できること、その葉や果実の殻には毒が含まれていることなどが記されている。

その内容は、江戸時代初期には日本にも伝えられ、その後に国内で刊行された『大和本草』(貝原益軒編纂・1709年刊)や江戸時代の百科事典とも称される『和漢三才図会』(寺島良安編纂・1712年刊)などにも、「大麻《あさ》」の名称で紹介されている。また、同じく中国の『農政全書』(徐光啓編纂・1639年刊)の影響を受けた『農業全書』(宮崎安貞著・1697年刊)の一部にも「大麻」の文字が見られる。さらに、神社の祭祀に使用され、アサとの関わりが深い御幣や御札は「大麻(おおぬさ・たいま)」と呼ぶ。これらのことから、少なくとも江戸時代には「大麻」の語は存在していた。

しかし、江戸時代以前の古文書を見る限り、アサは「麻(あさ・お・そ)」、もしくはアサの古名である「苧(お・を)」と記され、「大麻」の文字が頻繁に使用されるようになるのは、明治時代になってからである。そして、アサの生産農家では、現在も「大麻」は、「アサ」もしくは「オ」であり、したがって、その生産用具はオキリボウチョウ、オブネ、アサヒキダイ、オヒキガネ、オカケザオなどと呼ぶ。おそらく「大麻」の呼称は、本草学や農学、神道など一部の分野を例外とすれば、亜麻、マニラ麻、サイザル麻などの輸入に伴い、それらの繊維と区別するために広まった言葉であろう。なお、「家庭用品品質表示法」(昭和37年5月4日法律第104号)によれば、「麻」は苧麻と亜麻を指し、アサ(大麻)は含まれない。そのため、アサの繊維から作られた製品は、「指定外繊維(大麻)」と表記しなければならない。

●繊維としてのアサの特性

細い糸状の物質を繊維という。生成の過程によって、天然繊維と化学繊維とに大別され、天然繊維はさらに、アサやワタなど植物由来の植物繊維と、カイコやヒツジなど動物から採れる動物繊維などとに分けることができる。一方、化学繊維はナイロン、ポリエステル、レーヨン、アセテートなどが該当する。それぞれの繊維には特性があり、人々は、使用する目的によって、それらを使い分けている。

植物繊維のうち、麻はセルロースから構成される繊維で、代表的なものに、麻(大麻)、苧麻、亜麻、黄麻、イチビ、マニラ麻、サイザル麻などがある。このうちの、苧麻と亜麻は、茎の表皮の下部組織にある靭皮組織を物理的に、もしくは発酵作用によって分離した繊維を加工したものである。ほかの麻の繊維よりは柔らかくて弾力性に富み、吸湿性や放湿性に優れていたので、衣料、なかでも夏の衣料の原料として好まれた。黄麻やイチビは、苧麻や亜麻と同様に軟質繊維に属するが、それらに比べると繊維がやや硬いので、衣料ではなく袋や帆布などに加工された。一方、マニラ麻やサイザル麻は、葉の葉脈

繊維の性質

繊維		引っ張り強さ 標準時(Cpa)	引っ張り強さ 湿潤時(Cpa)	比重	公定水分率(%)	熱的性質 軟化点(℃)	熱的性質 融点(℃)
レーヨン	S 普通	0.33-0.42	0.19-0.27	1.50-1.52	11.0	軟化しない	溶融しない 260-300℃で着色分解し始める
	S 普通	0.48-0.56	0.36-0.44				
	F 普通	0.23-0.31	0.11-0.16				
	F 強力	0.42-0.70	0.33-0.55				
ポリノジック	S	0.50-0.70	0.37-0.56	1.50-1.52	11.0	レーヨンに同じ	
キュプラ	F	0.24-0.36	0.15-0.25	1.50	11.0	レーヨンに同じ	
アセテート	F	0.14-0.16	0.08-0.10	1.32	6.5	200-230	250
トリアセテート	F	0.14-0.16	0.09-0.11	1.30	3.5	250℃以上	250
プロミックス	F	0.38-0.48	0.34-0.45	1.22	5.0	約270℃で分解	
ナイロン66	F 普通	0.50-0.65	0.45-0.60	1.14	4.5	230-235	250-260
	F 強力	0.65-1.0	0.60-0.90			180	215-220
ナイロン66	F 普通	0.48-0.64	0.42-0.59	1.14	4.5		
	F 強力	0.64-1.0	0.59-0.86				
ポリエステル	S 普通	0.57-0.79	0.57-0.79	1.38	0.4	238-240	255-260
	F 普通	0.52-0.73	0.52-0.73				
	F 強力	0.77-1.1	0.77-1.1				
アクリル	S	0.25-0.51	0.20-0.46	1.14-1.1	2.0	190-240	不明瞭
	F	0.35-0.57	0.32-0.57				
アクリル系	S	0.25-0.45	0.23-0.45	1.2	2.0	150	不明瞭
ポリプロピレン	F 普通	0.36-0.60	0.36-0.60	0.9	0.0	140-160	165-173
	F 強力	0.60-0.72	0.60-0.72				
綿(アプランド)		0.41-0.67	0.45-0.87	1.54	8.5	150℃で分解	
羊毛(メリノ)		0.12-0.20	0.09-0.19	1.32	15.0	130℃で分解	
絹		0.35-0.51	0.25-0.35	1.33-1.45	11.0	235℃で分解	
麻(亜麻) (ラミー)		0.74-0.83 0.86	0.77-0.87 12.0	1.5	12.0	130℃、5時間で黄変 200℃で分解	

備考　S:ステープル、F:フィラメント
上野和義・朝倉守・岩崎謙次『繊維のおはなし　天然繊維から機能性繊維まで』(日本規格協会、1998)より作成

から得られる繊維を加工したものである。これらは硬質繊維と呼ばれ、硬くて、強靭性に優れていたので、主に綱や縄の原料となった。麻(大麻)は、軟質繊維の一種である。苧麻や亜麻よりは硬くて強靭だが、マニラ麻やサイザル麻よりはしなやかなので、衣料、袋や綱、縄などの原料にも適していた。

前ページの表は、繊維の性質を示したものである。表からも明らかなように、麻の特徴はその引っ張り強さにある。標準時の強さは、絹や綿などほかの天然繊維よりも大きく、強力なナイロンやポリエステルに匹敵する。さらに湿った状態(湿潤時)では、より強くなる。こうした繊維は他にない。また、大気中の水分をどの程度吸収するかを示す指標である公定水分率は、羊毛に次ぐ高い数値を示している。つまり、麻は丈夫で、湿気をよく吸着し、濡れた状態になるとさらに強さが増す。したがって、麻を夏の衣料に用いること、そして漁網や釣糸に加工することは理に適っていた。

●絹・木綿と麻

絹もまた、麻とともに古くから利用された繊維である。山繭の糸を起源とするが、少なくとも2~3世紀頃までには、中国から養蚕や織物の技術が伝えられ、日本に定着したとされる。絹はカイコが作る動物性の繊維で、フィブロインというたんぱく質から成る。保温性に優れ、肌触りがよく、吸湿性や保湿性に富むなど、麻にはない特徴を有し、また糸が持つ三角形の断面が独特な光沢を放つことから、いつの時代でも高級品とされた。そのため、屑繭を真綿にし、そこから紡いだ糸で作られた製品(紬織物)を除けば、庶民には手の届かない繊維であった。

一方、木綿は、ワタの果実の内部の種子表面から生じた綿毛から作られる。木綿の繊維は、麻と同様にセルロースから成るが、両者の結晶構造を比較すると、麻がまっすぐであるのに対し、木綿は斜め約30度の構造になっており、そのことが木綿特有の天然の撚りを生み出す。また、麻は、太くて硬く、弾力性が小さな繊維だが、木綿は柔らかくて、弾力性に富む繊維である。そうした特性は、ワタから作られた製品にも反映されている。インドやメキシコが原産のワタは、高温で生長期に雨が多く、成熟期と収穫期には乾燥する地域が栽培の適地とされる。

日本にワタの種が伝わったのは、799(延暦18)年といわれているが、本格的に栽培が始まったのは戦国時代以降のことで、その間は日本に定着しなかった。しかし、木綿は、吸湿性が大きくて保温性に富み、さらには紡ぎやすくて、染料が浸透しやすいなど、ほかの繊維にはない優れた特徴が見られたことから、特に江戸時代になると栽培が奨励され、三河国(現・愛知県東部)や河内国(現・大阪府東部)には、ワタの一大生産地が出現した。その後、生産の範囲は東日本にも広がり、アサの生産地である下野国(現・栃木県)にも、真岡木綿という全国に知られた銘柄が作られるようになった。

大量生産が可能になったことで、木綿は庶民の繊維として受け入れられ、特に冬の寒さに悩まされていた地域では、保温性に優れた綿織物は大いに歓迎された。そのため、庶民の衣料は次第に麻から木綿へと移行していく。

しかし、麻も肌触りのよさや通気性を生かして、独自の地位を築いていく。特に上層の武士や裕福な商人などは、蒸し暑い夏の衣料として重用し、また武家や神道の世界で使用する裃や狩衣などは、伝統に則って麻で仕立てた。一方で、ワタの栽培が困難な冷涼地や山間地では、木綿は貴重品であり、明治時代になっても麻の着物を着用していた。そして、冬の寒さはアサの屑で綿を作り、また着物に刺し子を施すなどで凌いでいた。

●化学繊維時代のなかの麻

化学繊維は、天然繊維が持つ高分子物質、例えば麻や綿のセルロース、絹のフィブロイン、羊毛のケラチンなどを人工的に再生、改質したものである。代表的なものにナイロン、ポリエステル、アクリルなどがあるが、天然繊維に近いものが、あるいはそれ以上のものが開発されたことで、活躍の場は衣料に留まらず、産業資材、建築資材、医療用資材などにも広がっている。化学繊維は安価な経費で、品質の高いものを大量に作ることができ、しかも腐敗に強いという特徴を持つ。そのため、昭和30年代頃までには麻で作られていた衣類、魚網、釣糸、弓弦、綱、ロープ、下駄の鼻緒の芯縄など製品の多くが、化学繊維にとって代わられた。

しかし、その一方で、天然繊維への見直しも叫ばれている。なかでも再生が可能で、環境にやさしい麻は、大いに注目されている。また化学繊維では代用できない分野も見られ、例えば下駄の鼻緒の芯縄は、微妙な張りや調節を必要とすることから、高級品については現在も麻の繊維から作られている。

また、科学技術の粋を集めた機械の特定の部分にも麻が使用されることがある。ほかにも、御札、御幣、鈴縄、狩衣などの神具、山車の引き綱、凧揚げ用の糸、火祭りの松明、盆の祭具など祭礼や行事に関する用具、さらに相撲の横綱、太鼓や鼓、弓弦、上棟式、結婚式(結納)などにも麻が用いられ、日本の伝統文化を守る上で、麻は欠かすことができない。したがって、現在もわずかではあるが栃木県を中心にアサの生産が続けられている。

麻利用の歴史

●古代以前

【縄文時代――1万年前から食用・衣類、建築材に】

アサは、中国を経て日本に伝わったと考えられている。東北大学の星川清親教授（当時）は、『栽培植物の起源と伝播』のなかで、アサは1世紀頃に日本に伝播したと推測しているが、縄文時代の遺跡から出土した縄類や布類、果実などの分析が進められ、今日では約1万年前にまで遡ると考えられている。例えば、鳥浜貝塚（福井県）では、縄文時代草創期（約1万～1・5万年前）の層準（含まれる化石などによって年代が特定される地層）から麻縄が、また縄文時代前期（約5500年前）の層からも麻縄、麻の編み物、アサの果実などが出土している。

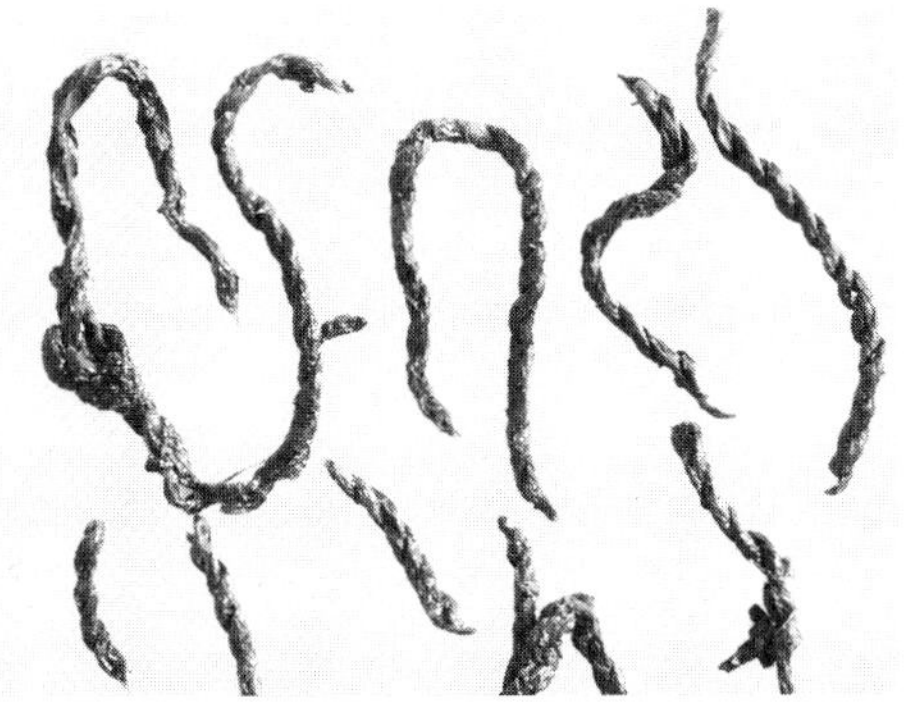
鳥浜貝塚出土品　下層出土縄残欠　縄文時代草創期～早期（福井県立若狭歴史博物館蔵）

さらに、沖ノ島遺跡（千葉県）からは1万年ほど前の層からアサの果実4点が発見され、「そのうちの3点を試料として^{14}C年代測定（動植物の遺骸に限定された放射性炭素年代測定法。自然の生物圏内において放射性同位体である炭素C^{14}の存在比率が1兆個につき1個のレベルで一定であることから年代を測定する）を行なったところ8955±45 ^{14}Cの年代が得られた。これは較正年代（従来の暦年と^{14}C年代測定とのずれを正した年代。cal BPで表記する）で約1万cal BPであることから、後氷期初期の年代に相当する」とした研究もある。

鳥浜貝塚出土品　編み物　縄文時代前期（福井県立若狭歴史博物館蔵）

また、菖蒲崎貝塚（秋田県）からも、土器の内面に炭化して付着したアサの果実が発見され、^{14}C年代測定を実施したところ、6745±50 ^{14}Cの年代が得られた。時代が下って、縄文時代中期から晩期のキウス4遺跡（北海道）、三内丸山遺跡（青森県）、是川中居遺跡（青森県）、下宅部遺跡（東京都）、宮之迫遺跡（鹿児島県）などからもアサの繊維や果実、果実の圧痕などが発見され、この頃までには、東日本を中心とする日本の広い範囲にアサが分布していたことがわかってきた。

これらの出土遺物や発見された状況、現在の民俗事例などによれば、アサの果実は食用や油に、茎から得られる繊維は衣類、魚網、釣糸、袋、綱、縄、弓弦などに、茎の芯は建築材に、繊維の屑は綿にしてから、あるいは衣類と編み込むことで保温材として用いられていたことが考えられる。アサは余すところなく利用され、また一部の土器からは、アサの果実を煮炊きした痕跡が見られることから、火にかけるなどの加工が行なわれていた。

当時の人々は、アサだけではなく、カラムシ、フジ、シナ、クズ、コウゾ、カジ、アカソなどから採れる繊維も利用していた。しかし、これらの植物は、自生地が限られる上に管理が難しく、加工においても、かなりの手間を要した。それに対して、アサは、生育が早く、かつ管理や加工が容易なことから広く普及することとなる。近年では、出土したアサの果実の大きさの違いに注目し、アサには野生型と栽培型の2型があり、縄文時代にはアサの管理、もしくは栽培が行なわれていたことを指摘する考古学者も見られる。

【弥生時代】

弥生時代(紀元前10世紀~紀元後3世紀頃)になると、アサの果実や繊維の出土事例は数を増し、その範囲は東日本だけではなく、近畿地方や九州地方など西日本でも目立つようになる。例えば、池子遺跡(神奈川県)や納所遺跡(三重県)ではアサの果実が出土しており、また登呂遺跡(静岡県)や吉野ヶ里遺跡(佐賀県)などで発見された織物や布の多くは、京都工芸繊維大学名誉教授の布目順郎氏によって、アサで作られていることが判明した。その分析によれば、「弥生時代の布は苧麻布ではなく、ほとんどは大麻製で、苧麻や樹皮を用いたものはごくわずかにすぎない」。あわせて、各地で出土した紡錘車や杼など織機用具の遺物は、織物、そのなかでも特に麻織物が作られていたことを示すものである。

3世紀頃の日本の状況を示したいわゆる『魏志倭人伝』(『魏書』東夷伝倭人条)には、

種禾稲紵麻　蚕桑　緝績出細紵縑《けん》緜《めん》

の記述が見られ、当時の日本では、禾(粟のことか)、稲、紵麻を植え、養蚕を行ない、麻糸を績み、また真綿から縑(紬の一種か)を作っていたことがわかる。古代の中国では「紵《ちょ》」はカラムシ、「麻」はアサを意味するが、「紵麻」の二文字を一つの言葉としてカラムシとするのか、二文字を分けて「カラムシとアサ」と読むべきなのかは定かではない。ともあれ、『魏志倭人伝』は、日本の麻類繊維の栽培や加工の様子を示した文字資料として注目に値する。

●古代

【延喜式】

７０１（大宝元）年に大宝律令が整備されると、麻や麻布は税（租庸調）の一部となる。10世紀に編纂された『延喜式』巻二十四主計寮《かずえりょう》上には、緋帛《ひわた》、橡布《くぬぎふ》、縹布《はなだふ》など各国から納められた布の名称が記録されているが、なかでも上総国（現・千葉県中央部）から納められた望陀布《ぼうだふ》は、高度な技術を駆使して作られた麻布として知られていた。また、内蔵寮《くらりょう》では「年料《ねんりょう》」として武蔵国（現在の東京都と埼玉県）、下総国（現・千葉県北部）、常陸国（現・茨城県の一部）から「麻子《まし》」（アサの種子）を、民部省では「年料別貢雑物《ねんりょうべっこうぞうぶつ》」（米・布以外の紙・筆・馬革・薬草などの雑税）として下野国、常陸国、武蔵国から「麻子」を徴収した。麻子は食用のほか、灯明などの油に加工されたと考えられる。

７１７（養老元）年には税制の一部が改正され、中央官庁では、それまで中男《ちゅうなん》（17～20歳の男子）が納めていた調などに代わるものとして、各国の特産物の貢納を求めるようになった。これを中男作物という。『延喜式』巻二十四 主計寮上によれば、伊勢国（現・三重県）、尾張国（現・愛知県西部）、三河国、武蔵国、上総国、下総国、常陸国、上野国（現・群馬県）、下野国、越前国（現・福井県北部）、筑前国（現・福岡県北西部）、日向国（現・宮崎県）、肥後国（現・熊本県）、信濃国（現・長野県）では「麻」、常陸国、上野国、下野国、信濃国では「麻子」が中男作物であった。これらのことから、現在の関東地方を中心とする日本の広い範囲でアサが作られ、一部の地域では、その果実が特産物となっていたことがわかる。また、常陸国では「苧」、上総国や安房国では「枲（カラムシ、もしくはアサの雄株のこと）」、相模国（現・神奈川県）、肥後国、豊後国（現・大分県）などでは「熟《じゅく》麻《ま》」（黄麻のことか）が中男作物として賦課された。これは、「麻」「苧」「枲」「熟麻」が、区別されていたことを意味する。

【正倉院御物調査から】

ところで、この時代の布の素材については、２０１３年から16年にかけて正倉院事務所が実施した「正倉院御物調査」が詳しい。正倉院に遺された貢納布、袋、帯、紐、楽器の調べ緒《お》、乾漆製の面に貼り合わせる布、武具の紐など64点の繊維側面と繊維横断面について、顕微鏡による観察等を行なうことで、素材の同定を試みたもので、このうち、７３４（天平6）年に武蔵国から納められた調布の緯糸、７５６（天平勝宝8）年に上総国から納められた調細布《ちょうさいふ》の経糸、７６３（天平宝字7）年に常陸国から納められた調曝布《ちょうばくふ》の緯糸はカラムシであることが判明した。ほかにも、貢納布として納められた布の多くがカラムシから作られ、一方、袋や帯、紐、乾漆製の面に貼り合わせる布などの一部から、アサで作られた製品や作品が見つかった。

しかし、アサとカラムシは混在しており、それらの使い分けについては不明であった。これより前に、正倉院の御物に関して繊維の素材を調査した布目順郎は、「奈良時代のものとして特筆されるのは、正倉院に保存されている大量の大麻布と苧麻布である。両者の数の比率は、大麻布2、苧麻布8の割合で、弥生時代に苧麻布よりも大麻布のほうが多かったのとは正反対である」と述べている。

【風土記】

一方、この時代の地方の様子を記述した文書に『風土記』がある。721(養老5)年に成立した『常陸国風土記』には、

(前略)夫常陸国者 堺是廣大 地亦緬邈 土壌沃墳 (中略) 植桑種麻 (後略)

と書かれ、常陸国では、広大かつ肥沃な土壌を背景として、クワやアサを育てていたことがわかる。また、733(天平5)年に成立した『出雲国風土記』の大原郡の高麻山の項目には、

(前略)古老伝云 (中略) 是山上 麻蒔殖 故云高麻山 (後略)

とあり、「高麻山」(島根県雲南市)は、山上にアサの種を播いて育てたことがその名前の由来であることを伝えている。

【万葉集】

また、7世紀後半から8世紀にかけて成立した『万葉集』には、アサに関する歌が多数収録されている。以下、何首か紹介する。

一 庭立 麻手苅干 布暴 東女乎 忘賜名
(巻四・相聞・五二一)
(訓読)庭に立つ麻手刈り干し布曝す東女を忘れたまふな

二 麻衣 著者夏樫 木國之 妹背之山二 麻蒔吾妹
(巻七・雑歌・一一九五)
(訓読)麻衣着ればなつかし紀の国の妹背の山に麻蒔く我妹

三 櫻麻乃 苧原之下草 露有者 令明而射去 母者雖知
(巻十一・古今相聞往来歌類上・二六八七)
(訓読)桜麻の苧原の下草露しあれば明かしていませ母は知るとも

四 櫻麻之 麻原乃下草 早生者 妹之下紐 下解有申尾
(巻十二・古今相聞往来歌類下・三〇四九)
(訓読)桜麻の麻生の下草早生ひば妹が下紐解けざらましを

五 可美都氣努 安蘇能麻素武良 可伎武太伎 奴礼杼安加奴乎

安杼加安我世牟　（巻十四・東歌・三四〇四）

（訓読）上毛野安蘇の真麻屯かき抱き寝れど飽かぬをあどか吾がせむ

六　安左乎良乎　遠家尓布須左尓　宇麻受登毛　安須伎西佐米也　伊射西乎騰許尓　（巻十四・相聞・三四八四）

（訓読）麻苧らを麻笥に多に績まずとも明日来せざめやいざせ小床に

（いずれも訓読は、鹿持雅澄『万葉集古義』による）

アサの雄花（栃木県鹿沼市）（写真：栃木県立博物館）

歌に詠まれた「麻」や「苧」が、アサ、カラムシのいずれを指すかは検討を要するが、少なくとも二の歌については、種を播く光景が書かれているので、アサを詠んだ歌であろう。また、三と四に詠まれた桜麻は、麻（苧）原にかかる枕詞で、後に夏の季語として用いられるようになった。7〜8月頃に咲くアサの雄花のことであるが、花の一部が桜の花の色に似ているからとも、アサの葉の形が桜に似ているからともいわれている。さらには、アサの種を播く時期が桜の開花期にあたることが、その名の由来ともいわれている。

そのほかの収穫の様子を詠った一や五、麻布や麻糸を題材とした一、二、六の歌からは、当時の生活とあわせて、アサ、もしくはカラムシの生産や加工の様子を知ることができる。

8世紀後半に、交易雑物の制度が拡充すると、諸国は正税で購入した雑物を中央官庁に貢上するようになった。『延喜式』によれば、常陸国、武蔵国、下総国、上総国など東日本の国々からは「商布」や「布」が納められた。こうした交易によって、生産活動は活性化し、「越後布」や「信濃布」など、後に特産品として声価を高める布も出現した。

●中世

【採集から栽培へ】

当初、アサやカラムシは、山野に自生するものを採集していたが、やがて、アサは畑に種を播いて、カラムシは主に宿根（種を播いて育てることもあるが、収穫までには数年を要し、また1932年の栃木県立農事試験場の報告によれば、発芽歩合は15〜30％と低い）から育てるようになった。採集から栽培への移行時期は明らかではないが、畑で管理することで、高品質のアサやカラムシが、安定的に収穫できるようになった。

古代から中世にかけて書かれた文書には、「百姓麻」「麻畠」「在家苧」「山苧」「青苧」「白苧」「麻笥」「苧沓」などの文字が見え、また『春日権現験記絵《かすがごんげんげんき》』（第九巻第二段）には糸を績む場面、『七十一番職人歌合』（五十八番・五十九番）には苧や白布を売る場面が描かれ、アサ、もしくはカラムシが栽培、加工、販売されていた様子を知ることができる。

【アサとカラムシ】

ところで、一般に「麻」はアサ、「苧」はカラムシと解釈されているが、必ずしもそうとはいえない。時代や地域によって、あるいは植物、製品のいずれを指すかによって、両者は混在して表記されてきた。そして、書き手の誤認も見られる。そのため「青苧」など一部の商品を除けば、「麻」と書かれていても、カラムシ、もしくはアサとカラムシの両方を意味することがある。一方「苧」についても、カラムシではなく、アサを指す場合がある。例えば、現在の石川県加賀地方の様子を記述した『耕稼春秋』によれば、植物のアサは「麻」、そこから採り出した繊維は「苧」と記述している。また、広島県や大分県など西日本での「苧」は、アサの繊維を指し、そこにカラムシは含まれない。そうした地域では、カラムシは「カラムシ苧」「青苧」「真苧」などと呼び、「苧」とは区別している。

【栽培条件からみたアサとカラムシ】

先に紹介したとおり、衣類の原料としてはカラムシのほうが優れていた。なかでも戦国大名の上杉謙信は、青苧座を通じて莫大な利益を上げていたことはよく知られている。そして、カラムシで作られた麻織物（上布）は、高い値段で取引された。そのため、中世においては、カラムシに関する記録が多く遺され、よりカラムシに注目が集まっているが、江戸時代や戦前の庶民の民俗事例などを見る限り、麻織物の多くはアサからつくられていたことは明らかである。

これはアサを栽培した畑では、後作として小豆、蕎麦、大根などほかの作物を作ることができたからで、根で株を増やすカラムシはそれが難しい。そのため、山間部など耕作面積が限られた所では、カラムシよりアサが優先された。その結果、カラムシは付加価値の高い繊維として位置付けられ、余所行きや高級衣料など販売を目的とした着物に加工され、アサは大量の糸を必要とする漁網、網、袋、紐、野良着などに加工されることで、両者の棲み分けが進んだものと考えられる。

●近世

【『本草綱目』から『和漢三才図会』へ】

◇李時珍の『本草綱目』にみるアサ

1596（万暦23／慶長元）年に上梓された『本草綱目』は、1892種に及ぶ植物、動物、鉱物などの釈名（名称の由来）、集解（産地）、正誤、修治（調整加工法）、主治（薬効）、発明（薬理節）、附方などに関する過去の研究事例を取りまとめ、そこに編者である李時珍の調査の成果を加えたものである。

アサについては、第二十二巻穀之一の「大麻」で、名前の由来、産地、開花期や結実期などの植物学的な特徴、茎の皮を剥ぐと繊維が採れること、果実からは油が採取できること、殻は燈心として利用できることなどが書かれている。また、根、葉、花、果実からは、健忘症、疼痛、中風、便秘、婦人病などに効く薬が抽出できること、そして毒性があることにも触れている。1604(慶長9)年には、林羅山によって日本に紹介され、本草学の基本書として、多くの日本人の目に留まることになった。

◇寺島良安の『和漢三才図会』にみるアサ

その後の日本の本草学は、『本草綱目』を範とするも、そこに日本の状況を加味することで独自の発展を遂げていく。1712(正徳2)年に寺島良安が編纂し、後に江戸時代の百科事典とも称される『和漢三才図会』もその一つで、このなかの「大麻《あさ》」(第一〇三巻)の項目には、以下の記述を見ることができる。

(現代語訳)

「和名を乎(を)、又は阿佐(あさ)という。多くの地域で栽培している。甲州(現・山梨県)や上州(現・群馬県)の白《しろ》苧《そ》、下総の岡地麻《おかじそ》(下野の誤りか。岡地苧は下野を代表する麻の銘柄であった)は多く江戸に運ばれた。丹波(現在の京都府と兵庫県の一部)、丹後(現・京都府北部)、但馬(現・兵庫県北部)、因幡(現・鳥取県)、出雲(現・島根県東部)、石見(現・島根県西部)、安芸(現・広島県)、豊後、肥後などで作られた煮扱苧《にこぎそ》(関東ではこれを精麻と呼ぶ)は多く大坂に運ばれた。畿内(現・近畿地方)や東南(現・東海地方)の諸州では、ワタを作る人が多く、アサを作る人はほとんどいない。苧を作るには、アサの枝葉を取り除き、茎だけの状態にしてから流水にひたして皮を剥ぎ、灰汁を混ぜて少し煮る。再び水につけてから竹篦を使って粗皮を刮り取り、残った白皮を晒して干す。これを煮扱という。今日では、麻は苧、苧麻は真苧という。」

(筆者現代語訳。( )は筆者註釈。以下同じ)

【『和漢三才図会』のアサ】

◇西日本を中心にした麻利用のようす

アサの和名は「を」または「あさ」である。『和漢三才図絵』が書かれた江戸時代中期には、木綿の生産が盛んな畿内や東海地方を除く日本の広い範囲でアサが生産されていた。西日本の状況が特に詳しく書かれているが、これは編者の寺島良安が大坂に在住していたからであろう。このなかに記された広島県、島根県、熊本県などは、戦前までアサの生産が盛んな地域として知られていた。一方、東北地方や長野県、岐阜県など自給用にアサが作られた地域については触れられていない。アサは、「白苧」「岡地苧」「煮扱苧」に加工してから、江戸や大坂に出荷された。白苧は東日本、煮扱苧は西日本で出荷されるアサの繊維で、今日の精麻に当たるものである。また、岡地苧（岡地麻・岡地束ともいう）は、現在の栃木県鹿沼地方で産出された精麻の良品を結束したものである。

この時代のアサの主要な用途は、下駄の鼻緒の芯縄、綱、漁網、釣糸、畳糸、紐、衣類、酒や醤油の搾り袋などである。江戸や大坂など都市が拡大したことで、綱などの建築資材が必要となり、また武士や町人の増加は、生活に欠かせない下駄の鼻緒の芯縄、紐、畳糸などの需要を増大させた。さらに、漁業や醸造業の急速な発展は、大量の漁網や袋を必要とし、アサの需要拡大に結びついた。これらの都市部や漁村部などで必要とされるアサは、栃木県や広島県などの山間部の農家が生産し、江戸、大坂、海沿いの集落などに出荷された。最後に書かれたアサの加工法は、戦前の主に西日本で行なわれていたものに類似する。また、この時代のアサは、「苧《お》」、カラムシは「真苧」と呼んだ。これも関西をはじめ西日本で見られた呼称である。

◇アサの実とオガラ（麻楷、麻殻）

『和漢三才図会』には、アサの果実に関する記述も見られる。

（現代語訳）

麻仁。乎乃実（をのみ）。鳩や鵯《ひよどり》は、これを喜んで食べてしまうので、多くの収量は見込めない。価は胡麻の十倍はするが、効用は胡麻に及ばない。食品ではなく、薬として用いられている。

アサの果実は食品ではなく、薬として利用されていた。アサの果実を乾燥して作られる「麻子仁丸《ましにんがん》」（便秘改善薬）は、今日でも生薬として利用されている。また、この頃までには、灯明用の油は荏胡麻油や菜種油、塗料用の油は桐油（トウダイグサ科のアブラギリの種子から採取した油）に取って代わられ、その記載が見られない。さらに麻楷《おがら》については、以下のように書かれている。

（現代語訳）

乎加良（をがら）、又は阿佐加良（あさがら）という。アサの茎である。色は白く、軽くて空洞がある。民間では精霊祭に使う箸とし、また燈心とする。画工は、下絵を描くのに用いる焼筆とした。これは、杉の木に次ぐ。

オガラは、精霊祭（盆行事）に使用する。地域によっては、盆の供え物の箸や盆様の迎え火や送り火の松明として、またナスやキュウリに刺して精霊馬《しょうりょううま》の足としている。そのため、盆が

迎え火の松明（栃木県鹿沼市）（写真：栃木県立博物館）

精霊馬の足（復元）（写真：栃木県立博物館）

近くなると、店頭ではオガラが販売され、それが夏の風物詩となっているが、江戸時代においても、オガラは必需品であった。

【『農業全書』にみるアサ】

農作物としてのアサについては、1697（元禄10）年に宮崎安貞が著した『農業全書』が詳しい。そのうち「第六・三草之類」には、次のように書かれている。

麻　第三

あさをうゆる法、先たねをゑらぶ事。白きが雄麻なり。白しといへども、齧て心ミるに、かるくうるほひなきハ、粃なり。（中略）。同じく。大麻を作る法あり。子を多く収めて油にし甚厚利の物なり。然るゆへに、油麻とも云なり。是ハ女麻をうゆる物なるゆへ、黒まだらなるたねをゑらぶべし。深く耕す事二三遍、いかにも薄く蒔べし。（中略）、雄麻のあるを悉くぬき去べし。常に畝中をきれいにすべし。しからざれば子多くならず。是土地によりて、過分に実りて、油の多き事、からしにおとらぬ物なり。燈油にして、光りことによし。（後略）。

（現代語訳）

麻　第三

栽培法、まず種子の選び方。種子の白いのが雄麻である。白いといっても、噛んでみて、軽くて水分がないのは粃《しいな》である。（中略）。

大麻（おおあさ）の栽培法。実を多く収穫して、油を搾って、非常に高い利益があがるものである。したがって、油麻ともいわれている。これには雌麻を植えるものだから、黒い斑点のある種を選ばなければならない。深耕を二、三回行なってできるだけ薄く播く。（中略）、雄麻が生えていたら、それを全部抜き取ること。畔の中は常にきれいにしておくべきで、荒らしておくと実は多くならない。土地によっては、思いがけなく実を多くつけ、菜種に劣らないくらいの多くの油がとれる。燈油にすれば、光はとても明るい。（後

略)。

(『日本農書全集13 農書全書 巻六～十一 宮崎安貞・ほか』農文協を一部改変)

三草とは、江戸時代に栽培された特に重要な草木、具体的には「藍」「麻」「紅花」の3つをいう。『農業全書』の巻六・三草之類は、三草を含む十一種類の植物の特徴や栽培法などがまとめられている。1639(崇禎12/寛永16)年に明の徐光啓が著した『農政全書』からの引用も見られるが、それに加えて、自らの調査や見聞に基づき、日本の農事・農法を体系的に記述したものである。アサについては、種の選び方、砕土の方法、播種の時期、施肥の方法、収穫の方法などが書かれ、なかでも「油麻」に関する記述が詳しい。

「油麻」は、果実を採ることを目的に栽培されたアサをいう。アサの果実には、およそ35%の油分を含み、古代より燈明の油として利用されていた。『農業全書』には、菜種油に劣らないくらいの多くの油が採れ、その光はとても明るいと書かれている。しかし、現在の日本で栽培されるアサの多くは、繊維の採取を目的とし、果実の採取を目的とした例は少ない。そのため、『農政全書』の記述は、現在ではほとんど見られなくなったアサの栽培方法を示すものとして、貴重である。

アサは自給用の作物としても重要であった。1789(寛政元)年に越中(現在の富山県)の宮永正運が著した『私家農業談・巻之三』には、

麻ハ農家の妻娘など夜なべとて、雪の間の仕事に紡績し織綴りて一切の農衣を製し、又は牛馬の鞍綱などにも用ゆる事なれハいつれの農夫も怠らす相応に作り取へき事也

「アサは、農家の妻や娘の夜なべ仕事として、雪の降る間の仕事に糸を紡ぎ、布を織ってすべての野良着を作り、または牛馬の鞍綱などにも用いるものなので、どの農家も面倒がらずに自分の能力に応じてできるだけ作るようにすべきである」(『日本農書全集6 私家農業談 農業談拾遺雑録』 農山漁村文化協会)と書かれ、アサの栽培を勧めている。

アサについて書かれた農書は、ほかにも会津(現・福島県西部)の佐瀬与次右衛門が著した『会津農書』(1684年)や『会津歌農書』(1704年)、加賀(現・石川県南部)の土屋又三郎が著した『耕稼春秋』(1707年)、対馬(現・長崎県対馬)の陶山《すやま》訥庵《とつあん》が著した『労農類語』(1722年)、信濃の依田惣蔵が著した『家訓全書』(1760年)、下野の田村仁左衛門が著した『農業自得』(1841年)、飛騨(現・岐阜県北部)の大坪二市《にいち》が著した『農具揃』(1865年)などがあり、それぞれの地域に根ざしたアサの栽培法や加工法、利用法などが紹介されている。ま

た、青森県下北半島の様子を記した『東奥沿海日誌』（松浦武四郎著・1804年）、福島県奥会津地方の『伊南古町組風俗帳』（1685年）、長野県木曽地方の『古蘇志略』（1757年）や『信濃奇勝録』（1834年）などの地誌書や紀行文、民俗誌等にもアサに関する記録が見られる。さらに、各地に遺された麻の取引の様子を記録した古文書や衣類、生産用具などの民俗資料などからも江戸時代のアサの生産や流通の様子を知ることができる。詳しくは次章の各地の麻栽培を参照されたい。

●近代（明治～戦前）

【柳田國男『木綿以前の事』——麻から木綿へ】

柳田國男の『木綿以前の事』の中に収録された「何を着て居たか」には、以下の論文が掲載されている。

（前略）然らば多くの日本人は何を着たかといへば、勿論主たる材料は麻であった。麻は明治の初年までは、それでもまだ広く栽ゑられて居た。其作付反別が追々と縮小の一途を辿って居たことを、世人は木綿ほどに注意して居なかったのである。都会の住民は夏も木綿の単衣を着て、年中全く麻を用ゐない者が増加するのであるが、それでも地方には未だ相応に之を着て居たのだったということが、気をつけて居るとやや判ってくる。（中略）。先頃熊本県の九州製紙会社を見に行つたときに、私は紙の原料の供給地を尋ね試みたことがある。藁だけは勿論この附近の農村一帯から集めて来るが、古襤褸《ぼろ》の多量は大阪を経由し、殊に古麻布を主として東北の寒い地方から、仰いで居るというのが意外であった。奥羽でこれ程まで麻布の消費があらうとは思つて居なかつたのであるが、だんだん聴いて見るとこの方面では、一般に冬でも麻の着物を着て居たのである。（後略）

（前略）我々は麻布といえば一反二十円もするやうな上布のことをしか思ひ浮べないが、貢物や商品になつたのはさういふ上布であつても、東北などの冬の不断着は始めから、其様な華奢なものでは無かつた。精巧な少量のものは専ら売る為に織り、めいめいの着て居るのは太い重い、蚊帳だの畳の縁だのに使ふのと近い、至つて頑丈なもので、是が普通にいふヌノであつた。木綿は織つたものもモメン、糸も此方はカナと謂つて、是をイトとは謂はなかつた。つまり麻だけが普通の布であり又糸であつたのである。（後略）

報徳会の月刊の機関紙『斯民家庭』（1911年6月1日発行）に、「私共の祖先は何んな着物を著て居ましたか」という題名で発表されたものである。民俗学者の目線から、明治時代の庶民の生活の様子を記したもので、人々の衣類が麻から木綿に移り変わりつつあること、アサの生産が減少していること、東北地

麻の着物（写真・所蔵：栃木県立博物館）

方の人々の普段着は麻布、それも上布ではなく、太い麻糸で織った着物を着ていたことなどが書かれている。その東北地方でも、この時代になると使い古された麻布は売却され、紙の原料とされた。麻の襤褸や漁網などは、切り刻んで灰汁で煮ることで繊維に戻る。そのために古くより紙の原料として重要であった。

【自給用は戦後まで生産された】

先にも述べたが、アサの生産には、自給を目的とするものと、商品生産を目的とするものとがある。自給用は、庭先に必要な量のアサの種を播いて育てたものを、あるいは野生種を収穫し、そこから自分の家で使用する衣類や紐、綱、漁網などを作るものである。文献資料が乏しく、統計には現われないので、その実態を知ることは難しいが、全国各地に麻束、麻布、麻糸、漁網、機織り機などが遺されていることから、日本のほぼすべての地域で、アサが作られていたことは想像に難くない。なかでも、東北地方や中部地方の山間部などでは、１９４８(昭和23)年に大麻取締法が制定されるまで普通にアサが作られ、生活のなかで利用されていた。

【商品生産としての精麻・皮麻】

その一方で、商品作物としてアサを生産していた地域もみられる。このなかには、収穫したアサを精麻(地域によっては白苧・煮扱苧という)や皮麻(同じく煮剥・荒苧)に加工して出荷するもので、栃木県、群馬県、長野県、広島県、熊本県などが生産地として知られていた。これらは、それぞれの購入先で加工されたが、なかでも東京の下駄の鼻緒の芯縄、愛知県の綱や漁網、富山県、石川県、滋賀県、奈良県、三重県などの麻織物、滋賀県の蚊帳、広島県の備後表は、後に地場産業として発展し、地域の経済を潤した。また、茨城県や千葉県などの漁村に運ばれたアサは、そこで漁網や釣糸に加工され、域内の漁場で使用された。

それに対して、精麻を加工し製造にして出向する地域としては、現在の福島県奥会津地方で作られていた伊北麻(麻織物)、栃木県の丈間織(荷造り用の包)、長野県木曽地方の木曽麻(麻織物)、同じく長野市鬼無里地区の畳糸、広島県の麻糸や漁網などが知られていた。

【農村工業としての麻糸紡績・機織り・製綱工場】

アサの加工は、自給目的か換金目的かを問わず、江戸時代以前より各家庭で行なわれ、なかでも農閑期を利用した糸績みや機織りは、農村部の女性の重要な仕事であった。時代が下って、江戸時代の中期以降になると、経済活動の活性化とともに麻製品の需要は増大し、麻の加工は問屋制家内工業の形をとるようになった。

その一部は、工場制手工業（マニファクチュア）へと発展し、さらに明治時代になると、北海道の北海道製麻会社や栃木県の下野麻紡績会社（いずれも後の帝国繊維株式会社）では麻糸の生産を、愛知県蒲郡市形原では、複数の製綱工場が操業を始めた。さらに東京や神奈川県などでも大規模な製綱工場が立地した。最先端の機械が導入されたことで、生産効率や技術水準が向上し、アサは絹や綿などとともに日本の産業革命をリードした。一方で、アサの生産地においても、生産性の高い大規模な農家や問屋が出現し、日本の産業を陰で支えた。

【「栃木県農業概況」にみる麻トップ生産県の変遷】

１８８３（明治16）年の「栃木県農業概況」には、栃木県で生産される「麻」に関して、次のように述べている。

麻　産額　百七十万五千六百四十六斤

管下ノ麻苧タル固ヨリ著明ノ物産タリ。殊ニ第一内国勧業博覧会ニ於テ高評ヲ得シヨリ頓ニ其声価ヲ発出シ随テ販売ノ路開張シ、其種子ノ若キハ年々北海道地方其他各府　県下ニ輸出スル極メテ多ク、往々其需求ニ応ズル能ハザルコトアリ。即チ製麻ノ産額逐年増加ノ勢ナリ。

当時、日本一の生産量を誇っていた栃木県の概況を示したものである。１８８７（明治10）年に東京で開催された第一回内国勧業博覧会に出品したことを契機とし、麻の販路が拡大した様子が記されている。アサの種も北海道を始めとする各府県に販売された。当時の北海道は、屯田兵の産業振興策として、アサの生産や販売に特に力を入れていた。

ところが、明治時代後期になると、「麻」を取り巻く状況は大きく変化する。１９０８（明治41）年の「栃木県農業概況」には、以下の記述が見られる。

大麻

（前略）斯クノ如クシテ本県大麻ハ品質並生産高ニ於テ、内外ニ名声ヲ博シタリシガ近年不稍不振ノ傾向アリ。是レ一面ニハ労銀及肥料価格ノ騰貴等ニ因ツテ生産費ヲ多大ナラシムルモノアルニモ拘ラズ、一面ニハ其価格比較的低廉ナル外国産製麻ノ輸入漸次多キヲ加ヘタルト共ニ、漁業者其ノ他ノ需用者ヲシテ麻糸ノ原料ニ代フルニ、綿糸又ハ外国産製麻ヲ使用スルノ傾向ヲ生ゼシメタルトハ蓋シ其ノ主因ナルベシ。事情此ノ如クナルニモ拘ラズ、本県ノ大麻作ハ他府県ニ比シ、之ガ打撃ヲ被ムルコト最モ軽微ナルモノノ如ク、現ニ製網用及鼻緒ノ芯縄等ニ需用セラルルモノ莫大ナルヲ以テ見ルモ、其ノ品質ノ特ニ優良ナルヲ知ルニ足ルベシ。

栃木県をはじめとするアサの生産地では、肥料価格の高騰や外国産麻の流入によって苦境に立たされていた。国産の麻の独壇場であった糸、綱、漁網は、明治時代の中期頃より、中国やフィリピンなどから輸入された苧麻(ラミー)、マニラ麻、亜麻、綿花などに取って代わられ、そのために生産地では大きな打撃を受けた。これには、国産の麻が価格面で劣勢に立たされたこと、そして麻繊維の性状が関係していた。

【輸入麻の攻勢―大麻から亜麻・マニラ麻へ】

例えば、北海道製麻会社は、屯田兵が生産した麻から糸を作るために操業を始めたが、ほどなく麻ではなく亜麻で製品を作るようになった。そのため、北海道で行なわれていたアサの生産は大いに衰退した。また、野州麻の利用拡大を目指して作られた下野麻紡績会社においても、消防用ホースなど一部の製品を除き、亜麻が利用されるようになる。理由として、アサの繊維が短くて粗硬であり、機械紡績に向かなかったことなどがあげられる。そのため、製糸(織物)の用途は、手紡糸(手で績んで作った麻糸)で作られる富山県の福光麻布、石川県の能登上布、滋賀県の高宮布や近江上布、奈良県の奈良晒など限られたものとなった。

一方、製綱や製網の分野においても、明治時代の中期頃より中国産の麻(支那麻・南京麻)、大正時代になるとマニラ麻との競争にさらされることになる。中国産の麻は、安かろう悪かろうの様相を呈していたが、マニラ麻は、価格面での優位性に加え、強くて腐敗に強いことが漁場から歓迎され、大規模な工場から順次、マニラ麻への移行が進められていく。したがって、アサの用途は、外国産の植物繊維での代用が難しい下駄鼻緒の芯縄や畳糸、一部の糸、綱、漁網など限られたものになってしまう。江戸時代から下駄の鼻緒の芯縄の原料産地として高く評価されていた栃木県では、その影響は比較的小さなものであったが、漁網やロープを販路の生命線としていた地域では、それらの影響をまともに受け、また、国内での産地間競争も激しさを増していく。各生産地では、品種改良、肥料、種子、製麻等に関する試験研究、生産方法の改良、病害虫の駆除の徹底等を行なうことで、生産効率の向上や新たな需要の開拓に努めていくが、最も優位に立っていたとされる栃木県においても、

「(前略)本県製麻ハ実質以上ニ高価ナルガ故ニ、輓近ノ工業原料トシテ新需要ノ途ヲ開拓スルハ蓋シ至難ナルベク、手工業方面ニ於テ多少ハ其ノ望ミナキニアラザルモ生産増加ヲ企図スルニ至ルガ如キ、大量ノ需要喚起ハ到底望ミ得ベキモノニアラズ。(後略)」(鴛海文彦　1922年『栃木県ノ大麻』)

など悲観的な意見もあった。

【市場縮小のなか軍用物資として需要を拡大】

そうしたなか、アサは、軍服、ロープ、帆布、馬具、砲車用具、弾薬袋など軍用物資に活路を見出した。１９１１（明治44）年に栃木商工会議所会頭が、栃木県知事に宛てた「大麻製造ニ付意見（一）」には、以下の記載が見られる。

本県特産麻苧ノ需要ハ支那麻又ハ綿糸ノ代用品ニ圧倒セラレ、年ヲ逐フニ従ヒ愈々衰退ニ傾キ、到底恢復ノ望ナキ境遇ニ陥リタリト雖トモ、幸ヒ一昨年来陸海軍ノ買上予想以外ノ巨額ニ上リ、為ニ市場頗ル繁盛ヲ極ム、（以下略）

明治時代以降、アサの生産量は、長期的に見ると減少傾向にあったが、日露戦争（１９０４～05）や第一次世界大戦（１９１４～18）など戦時になると特需が見られた。そして、日中戦争が長期化し、中国産の麻やマニラ麻の輸入に規制がかけられると、国内産のアサやカラムシに再び注目が集まった。

１９３９（昭和14）年には「価格等統制令」（昭和14年10月18日勅令第７０３号）が施行され、公定価格制が実施されたが、栃木県でも「昭和十四年産ノ大麻（精麻）繊維中軍需品原料トシテ必要ナル数量ハ、知事ニ於テ之ヲ取纏メ、之ヲ供出スルコト」、「大麻供出価格ハ県ノ公定価格ニ依ル」など生産物の配給統制が行なわれた。

麻の分布図

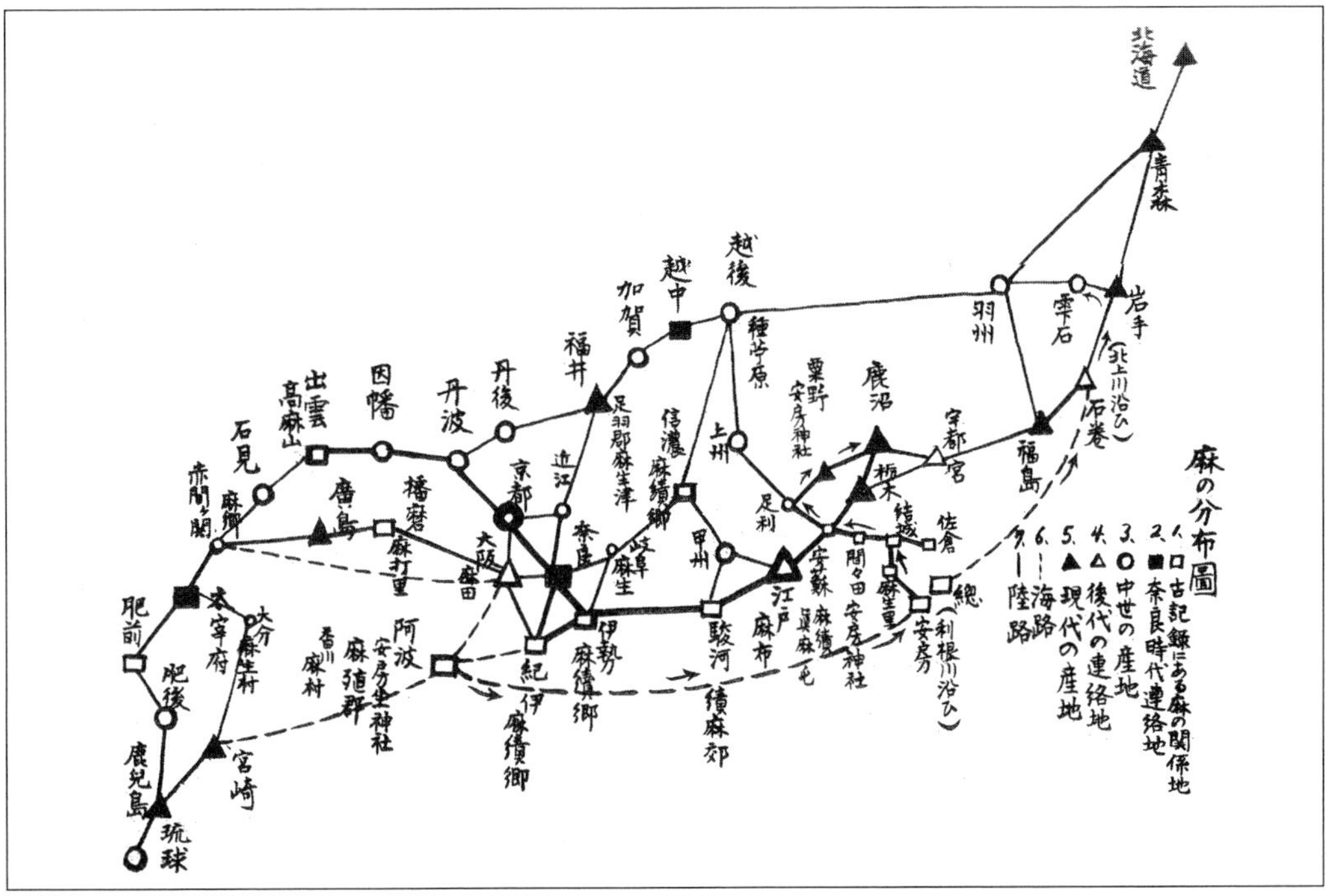

※『大麻の研究』（1937年）より転載

【太平洋戦争のなか麻生産は国策へ】

さらに太平洋戦争（1941～45）が勃発し、制海権が奪われると、マニラ麻の輸入が途絶え、日本では深刻な麻不足に陥った。そこで、国では1944年に「農地作付統制規則」（昭和16年10月16日農林省令第86号）を改正し、麻（大麻）は、苧麻、亜麻、黄麻などとともに「国内繊維資源の確保及び国民生活の安定確保の見地より」欠かすことができない作物として位置付け、同年秋冬作より、「秋冬作綜合作付割当」を開始した。このなかで、栃木県は5513町、長野県は2000町、広島県は1200町など、計36道府県に対して合計1万8123町のアサの作付を割り当てた。つまり、アサは国策として生産が奨励された。

なお、1911年（明治44）年の麻の主要生産地の作付面積と生産額、1935（昭和10）年の麻の主要生産地の作付面積、生産量、販売額、用途は別表のとおりである。

1911（明治44）年におけるアサの主要生産県の作付面積と生産額

	県名	作付反数（町）	価格（円）
1	栃木県	2161.3	433,310
2	長野県	987.6	108,664
3	広島県	976.4	471,649
4	岩手県	973.6	98,699
5	宮崎県	934.2	219,427
6	島根県	656.4	163,471
7	熊本県	612.6	192,559
8	新潟県	541.8	67,484
9	鹿児島県	409.4	177,251
10	福井県	341.7	35,787
	主要10県の合計	8595.0	1,968,301
	全国	11685.0	2,552,158

●現代（戦後以降）

【敗戦と大麻取締法の制定】

戦後、日本は連合軍総司令部（GHQ）の占領下に入り、1945（昭和20）年には、「『ポツダム』宣言ノ受諾ニ伴ヒ発スル命令ニ関スル件」（昭和20年9月20日勅令第542号）が公布・施行された。日本では、この勅令に基づき、同年11月には「麻薬原料植物ノ栽培、麻薬ノ製造、輸入及輸出等禁止ニ関スル件」（昭和20年厚生省令第46号）、さらに翌年6月には「麻薬取締規則」（昭和21年

1935（昭和10）年における主要生産県の作付面積・生産量・販売額・用途

	県名	作付反数（町）	収穫高（貫）	価格（円）	主な用途
1	栃木県	2,883.7	1,079,191	2,068,294	軍用麻製品。下駄鼻緒の芯縄、畳経糸、漁網、釣糸、鋼索、織物
2	長野県	669.9	150,814	228,987	畳経糸、織物、蚊帳、鋼索
3	広島県	486.4	191,382	256,782	畳経糸、漁網、鋼索、麻糸、織物、蚊帳
4	岩手県	319.0	50,705	63,240	鋼索、馬具、漁網、織物、下駄鼻緒の芯縄
5	宮崎県	206.8	39,775	41,877	漁網、鋼索、馬具
6	新潟県	195.6	28,303	86,961	
7	熊本県	178.5	64,899	67,637	漁網、爐経糸
8	青森県	166.7	35,411	40,220	
9	島根県	145.0	42,412	49,296	漁網、鋼索、織物、畳経糸
10	群馬県	114.9	41,309	47,403	織物、鋼索、漁網
11	福井県	100.4	35,378	36,323	織物、漁網
	主要10県の合計	5466.9	1,759,579	2,987,020	
	全国	6,019.3	1,884,542	3,153,801	

厚生省令第25号)を施行し、厚生大臣の免許を受けた者を除き、アサを含む麻薬の調剤、小分、販売、授与、使用などを禁止した。

アサは、これまでにも1925(大正14)年の第二阿片会議条約の批准に伴って定められた、旧「麻薬取締規則」(昭和5年5月19日内務省令第17号)において麻薬に指定され、その規制が行なわれてきた。しかし、それは「印度大麻草、其ノ樹脂及之ヲ含有スル物」、すなわちテトラヒドロカンナビノール(THC)を多く含むインドアサに限定され、古来より日本で栽培されていたアサは、その対象から除外されていた。したがって、戦後に施行された「麻薬取締規則」は、日本のアサの生産農家にとっては厳しいものであった。

深刻な繊維不足に陥ったことから、国ではGHQと折衝を重ね、1947(昭和22)年に「大麻取締規則」(昭和22年農林・厚生省令第1号)を制定し、厚生大臣と農林大臣が定めた栽培区画、栽培面積において、かつ繊維及び種子の採取、研究を目的とする場合に限り、厚生大臣の許可の下に「大麻取扱者免許」を与え、アサの栽培を認めることとした。このとき栽培が認められた地域とは、栃木県の2400町歩を筆頭に、熊本県1120町歩、長野県1000町歩、岩手県350町歩、以下青森県、群馬県、福島県、新潟県、広島県、島根県、大分県、宮崎県の計12県であった。

◇大麻取締法の概要

翌1948年には、「大麻取締規則」を廃止し、現行の「大麻取締法」(昭和23年7月10日法律第124号)が制定された。その概要は、この法律における「大麻」を「大麻草(*Cannabis sativa* L.)及びその種子並びにそれらの製品をいう。ただし、大麻草の成熟した茎及びその製品(樹脂を除く。)並びに発芽不能の種子及びその製品を除く」と定め、その取り扱いを大麻栽培者と大麻研究者に限定し、厚生大臣が与えた免許を有する者以外の者の大麻の輸入、輸出、所持、栽培、譲受、譲渡、使用等並びに大麻から製造された医薬品の施用、施用のための交付等を禁止した。そして、違反者に対しては一定の罰則を設けた。

この法律によって、アサの栽培は免許制となった。そして、栽培の許可を受けるためには、登録手数料として、栽培者については60円、研究者は50円を国庫に納めるとともに、年に4回、栽培地の位置、面積、採取した繊維や種子の数量などを厚生大臣に報告することが義務付けられた。そのために、自給用にアサを生産していた地域の多くは栽培を断念し、また商品作物としてアサを生産していた地域においても、その将来性から栽培を止める例が相次いだ。

◇時代を反映して続く改正

「大麻取締法」は、数度の改正を経て現在に至っている。なかでも１９５２年の改正(昭和27年５月28日法律第１５２号)では、厚生大臣への報告義務が年４回から１回に、翌年の改正(昭和28年３月17日法律第15号)では、大麻の定義を「大麻草及びその製品」とし種子がその対象から外れ、また免許を交付する主体が厚生大臣から都道府県知事に改められた。また、近年の改正では、大麻の輸出入、栽培違反者に対する罰則を重くしている。

【取締法制定以降の動き】

大麻取締法の制定以降、国内のアサの生産地は減少するが、栃木県など一部の地域では、一時的に栽培面積や生産量が増大した。その理由として、戦後しばらくは中国産麻やマニラ麻の供給が十分とはいえず、また戦災で紡績工場や製綱工場の多くを失ったことで、手作業での生産を行なわざるを得なかったことがあげられる。

しかし、昭和20年代後半には、マニラ麻による漁網やロープの製造が再開され、さらには化学繊維が普及したことで、国産のアサが活躍できる場は、以前にも増して減少した。やがて、野州麻(栃木県産の麻)が最も得意とする下駄の鼻緒の芯縄も化学繊維で代用されるようになり、また生活様式の変化によって下駄そのものの生産が縮小したことから、アサの生産者数、栽培面積、生産量のいずれもが年を追うごとに減少した。

【大麻の盗難と無毒品種「とちぎしろ」の開発】

さらに新たな問題も浮上した。アサの盗難である。戦後、アサはマリファナの原料として認知されるようになり、社会問題化していた。生産地の中には、集落の入口に小屋を立てて、６月から９月までの毎日、昼夜を問わずの監視を行なっていたが、生産者にとっては大きな負担となっていた。また、畑での作業中に眩暈や頭痛に襲われることがあったという。アサヨイ(麻酔い)と呼ばれるものであるが、そうしたなか、九州大学薬学部の西山五夫、正山征洋の両氏により、１９６７(昭和42)年に佐賀県白石町、71年には大分県大山町(現・日田市)から無毒性大麻が発見され、交配試験による育成を進めたところ、７年後に完全に無毒化したアサが出現した。

栃木県農業試験場鹿沼分場では、高島大典分場長を中心に実用化に向けて、さらに試験研究を進めた結果、82年に無毒麻「とちぎしろ(栃木白)」の開発に成功した。そして、84年までに栃木県で生産されるアサはすべて「とちぎしろ」に転換された。「とちぎしろ」の完成によって、生産者の負担は大幅に軽減したが、時代の流れには逆らえず、アサの生産者数や生産量は、その後も減少を続ける。

【大麻生産と利用の現状】

２０１５年現在、アサは北海道、栃木県、岩手県、群馬県、岐阜県、大分県など12県で生産されている。このうち、商品として国内に広く流通しているのは栃木県産の麻(野州麻)である。茎から皮を剥がし、表皮や皮についたカスなどを取り除いた精麻は、主に神事用として全国各地の神社に奉納され、鈴緒、幣束、注連縄として使用される。また高級下駄の鼻緒の芯縄、近江上布や奈良晒など麻織物、祭礼用の凧糸、大相撲の横綱、太鼓の調べ緒、弓弦などの原料となっている。

さらに、茎の表皮を残した皮麻は、畳糸、絣の縛り糸の原料に、茎の芯である苧幹《おがら》は、建築材、歌舞伎など伝統芸能の小物、盆などの神仏具として利用されている。また、苧幹を蒸し焼きにすることで作られる炭(麻炭)は花火の助燃剤として用いられ、苧殻や茎から繊維を取り出す際に出るカス(苧滓、オクソ)は、紙の原料となっている。その多くは、日本の伝統工芸、伝統芸能を維持する上で欠かせないものであり、現在はわずか十数名の生産者の肩にかかっている。

栃木県以外の地域では、一軒から数軒の農家、もしくは保存団体が、例えば岩手県では亀甲織、群馬県では奈良晒や近江上布、岐阜県では祭礼用の苧幹、大分県では重要無形文化財の久留米絣で使用する縛り糸を作るために、特別な許可を得てアサを生産している。近年では、産業用としての活用を図るために、新規に栽培が認められた地域も見られる。

野州麻の加工品

●規格・品質の統一

栃木県で生産されたアサは、生産農家によって精麻《せいま》、皮麻《ひま》、苧幹などに加工され、「野州麻《やしゅうあさ》」の名称で全国に流通している。かつては、生産地によって引田麻、把麻、岡地束、引束、板束、長束、岡束、永野束などの銘柄があり、結束の方法が異なっていたが、県では、1933(昭和8)年に「麻検査規則」(昭和8年7月11日栃木縣令第46号)を定め、その統一を図った。

これにより、精麻の結束は「根元ヲ揃ヘ中央ニテ折リ曲ケ重量約五百匁ノ島田髷束《まげたば》ト為シタルモノヲ髷ヲ揃ヘテ積ミ重ネ径約二分ノ共撚麻ヲ以テ三箇所ニ廻リ垣根結トシ緊縛スルコト但シ島田髷ノ箇所ヲ結束スルモノハ結目ヨリ約二寸ヲ撚リ上ケ其末端ヲ垣根結止ト為スコト」(第4条の1)とし、これをヒトシマダ(一島田)、ヒトマゲ(一髷)と呼んだ。後に一島田の単位は400匁(約1・5kg)となり、これを10個積み重ねたものを1把、すなわち4貫(約15kg)、もしくはその半分の2貫が取引の単位となった。1把は俗にサンゼンサッパと呼ばれ、精麻3000枚からなるといわれている。

一方、皮麻の結束の方法は第4条の2で定められ、「根元ヲ揃へ重量約百匁ノ小束ト為シタルモノヲ取纏メ径約二分ノ共撚麻ヲ以テ七箇所二廻リ振リ込トシ緊縛スルコト但シ根元ヨリ二箇所目ハ垣根結トシ其ノ結目ヨリ約二寸五分ヲ撚リ上ケ其末端ヲ垣根結ト為スコト」とした。アサの生産農家では、尺貫法が禁止される1958(昭和33)年以降も、この方法で結束していたが、その場合は、問屋がメートル法の単位に合わせて再結束したものを出荷していた。

同時に品質の統一を図るため、同年10月より等級検査が実施され、規格の統一が図られた。その結果、精麻は極上、特等、1等、2等、3等、4等、5等、等外の8つ、皮麻は特等、1等、2等、3等、等外の5つに区分された。検査は肉眼で行ない、品質、長短、強力、色沢、乾燥、調製、結束の各観点により等級を定めた。例えば精麻の極上は「最も光沢に富み、清澄なる黄色か黄金色。手さわり、調製、乾燥すべてに最もすぐれ、繊維が強力なもの」、特等は「光沢に富み、清澄なる黄色か黄金色ないし銀白色。手さわり、調製、乾燥に最もすぐれるもの」などとし、それぞれの基準が設けられた。1935(昭和10)年の検査結果によれば、極上は貫数換算で全体の0・03%、特等は0・4%で、多くは2等、3等であった。検査が終了すると、等級別に検印が押されて出荷となる。現在の栃木市や鹿沼市などに店を構えていた麻問屋では、農家から直接、もしくは仲買人を通して精麻や皮麻を購入し、品質を見極めた上で、最も適した仕向地に出荷した。大正時代頃と現在の野州麻の用途は表のとおりである。

野州麻の利用　大正時代と現在

	大正時代		現在	
	主な用途	出荷地	主な用途	出荷地
精麻	下駄の鼻緒の芯縄	栃木・東京・大阪など	神事・祭礼・縁起物用	全国各地
	軍需用(綱・縄)	東京・神奈川など	すさ(寸莎、建築用、壁のつなぎ材)	全国各地
	綱の原料	東京・神奈川・愛知など	下駄の鼻緒の芯縄	東京・栃木など
	魚網	茨城・千葉・神奈川など	綱(凧糸・山車綱等)	静岡・新潟など
	衣類・蚊帳地	滋賀・奈良・福井など	衣類	滋賀・奈良など
皮麻	畳糸	広島・岡山など	用途なし(※1)	
	下駄鼻緒の芯縄			
オガラ	懐炉灰の原料	栃木など	祭礼・縁起物用	全国各地
	屋根材	全国各地	花火用火薬の原料	東京など
	祭礼用	全国各地	屋根材	全国各地
オアカ	紙	各地	紙	栃木

(『栃木県史　史料編　近現代四』などを参考に筆者作成。なお、主な用途及び出荷地の配列は出荷量の多さとは対応していない)
※1　注文に応じて生産している。

●精麻

アサの茎から表皮を剥ぎ、そこから表皮など余分なカスを取り除いたものである。黄金色で艶があり、新聞の文字が見えるぐらいに薄くひかれたものが上質とされる。下駄の鼻緒の芯縄、綱・ロープ、漁網、織物などが主な用途であった。江戸時代から明治時代中期にかけて隆盛を極めたが、明治時代後半頃からは外国産の綿糸や麻、戦後は化学繊維との競争により低迷している。戦中は、軍事物資として重要であった。

今日は、神仏具や縁起物としての利用が多い。また、外国産の麻や化学繊維では代用が難しい凧揚げ用の糸や綱、織物などに活路を求めている。

【下駄の鼻緒の芯縄】

野州麻の最も重要な加工品の一つである。野州麻の生産地では、収穫の際にアサを7尺〜7尺2寸(212〜218㎝)の長さに切りそろえるが、これは芯縄の長さを意識したものである。

野州麻は、強くて丈夫であることに加え、色や光沢、しなやかさが特に評価され、江戸時代に現在の栃木市に集められた精麻の多くは、水運で江戸に運ばれ、下駄の鼻緒の芯縄に加工された。また、明治時代には、大阪、愛知、奈良などへも芯縄用の精麻を出荷した。一方、生産地に近い栃木市や小山市一帯でも芯縄を作る「芯縄ない」が広く行なわれ、なかでも栃木市は下駄の生産地として大いに発展した。

芯縄は、精麻を硫黄で蒸して漂白した後、適当な長さに切断してから、オシギリやナエダイと呼ばれる専用の台に固定して、一つ一つ手で撚り合わせることで作られる。これには、足の親指と人差し指の股に入るマエツボと、そこから足の甲にかけての部分に掛けるヨコオの2種類がある。

昭和30年代に入ると、下駄の鼻緒の芯縄は、ナイロンなど化学繊維で代用され、また下駄そのものの生産が減少したことから、野州麻の販路の多くが失われてしまう。ただし、高級下駄の鼻緒の芯縄には、現在も野州麻が使用され、辛うじてその命脈を保っている。

これとは別に、栃木県の伝統工芸品に日光下駄があるが、竹皮で編んだ草履表を台に縫い付けるとじ糸に野州麻が使用されている。

【綱・ロープ】

特定の分野を除けば、繊維の強さのみが要求された。例えば海軍が使用する索綱は、テール油が塗られることから野州麻特有の色や光沢は失われてしまう。したがって、綱やロープの原料としては、1等や2等など、やや等級の低い精麻が仕向けられた。

野州麻を使用した綱作りは、愛知県蒲郡市形原で興った製綱産業と関係が深い。ここでは、静岡県浜松市の大凧上げの凧糸の製造を起源とし、江戸時代より、岩糸、島田糸と呼ばれるホソモノ(細物)が家内工業として行なわれていた。明治時代初期に小島喜八が警察で使用する捕縛用の縄(法蔵寺縄)を開発したことを契機とし、さらに1874(明治7)年に小島喜八が「後《あと》去歯《ざり》車式撚糸機」、1905(明治38)年に市川善兵衛が「足踏式紡機」を開発すると、形原の綱作りは産業として大きく発展した。明治時代後期になって、鰤網やロープなどフトモノ(太物)が作られるようになると、使用する麻の量も増え、野州麻の需要は増大した。やがて、野州麻の生産地である栃木県にも、鹿沼市には消防用のポンプ、栃木市には電柱作業用の命綱などを作る工場が進出した。一方、農家の副業として農閑期に自宅で綱作りを行なう人も増えた。このうち、栃木市川原田では荷車や荷馬車の太くて短い綱が作られ、また同市野中では荷造り用の細くて長い綱が作られた。川原田ロープとして広く流通した。

製綱産業は明治時代から昭和時代初期にかけて隆盛を極めた。なかでも日清・日露戦争時や第一次世界大戦時は、そこに馬の手綱や艦船のロープ、軍服など軍事用の需要が加わったことで大いに発展した。これらは、東京製綱株式会社などを始めとする東京都や神奈川県の製綱工場が請け負った。しかし、そうした戦争中の特需を除けば、明治時代後期頃から中国産麻やマニラ麻が輸入されたことで、この分野における野州麻の需要は低迷し、さらに昭和30年代以降はナイロンやポリエチレンなど化学繊維が普及したことで、野州麻の活躍の場は失われた。

それでも野州麻に関しては特殊な需要があり、縄撚り機などの簡単な道具を使用して、神社の鈴縄、鰐口の綱紐、太鼓や鼓をしばる紐、山車用の綱などを製作する職人が見られる。また、栃木市には綱作りの工場を兼ねた麻問屋が、電話や通信販売、インターネットなどで注文を受け付け、神社の鈴縄や鰐口の綱紐などを製作・販売している。

【凧糸】

浜松市や新潟市、相模原市、春日部市(埼玉県)などで行なわれている大凧上げ用の凧糸に使用されている。このうち、浜松の大凧上げは、その家に長男が生まれると初凧と称して、端午の節句に祝い凧を上げる風習が発展したものである。凧糸は野州麻や信州麻(長野県産の麻)で作られ、主に愛知県蒲郡市形原の人々が、江戸時代は手撚りで、明治になると機械で撚りをかけて製品に仕上げていた。一般に綱の原料は、マニラ麻や化学繊維に移行するが、凧糸については、今でも野州麻が使用される。麻の繊維の強さと、硬すぎず柔らかすぎずの感触がほかの繊維では表現できないからであろう。現在、浜松市にある浜松凧祭り会館では、凧糸製作の様子を見ることができる。

新潟市白根で開催される白根大凧合戦の歴史も江戸時代中期にまで遡る。一種の「喧嘩凧上げ」で、6月上旬になると川を挟んで、それぞれの地区が畳24ほどの大凧を揚げ、凧糸を絡ませることで互いに落としあう。アサの生産農家では、より強い糸を作るために長野県で行なわれていた生産方法(3章の79ページを参照のこと)を参考にするなど、工夫を加えている。

【漁網・釣糸】

漁網や釣糸は、品質の高い極上や1等の精麻が使用された。江戸時代中期に鹿沼の問屋が仕入れた麻の多くは、現在の茨城県や千葉県の網元に運ばれ、そこで鰯網などに加工された。明治時代になると、それらの用途に加えて、東京都、神奈川県、愛知県などの製網工場に販売され、鮭の定置網や鰤網などに加工された。これらは主に東日本から北日本にかけての漁場で使用された。その後、機械が導入されると、漁網の大量生産が可能となり、野州麻の需要は高まりを見せるが、大正時代になるとマニラ麻、戦後は化学繊維の普及によって、販路の大部分を失った。今日では麻から漁網や釣糸を作ることはほとんどない。

【織物】

大正時代には、滋賀県、奈良県、福井県などに、主に繊維が強くて、光沢が美しい永野束(現在の鹿沼市永野地区産の精麻)が仕向けられた。

このうち、滋賀県の愛知郡一帯は近江上布、近江八幡市一帯は蚊帳の生産地として知られていた。精麻から麻糸を作る工程はオウミ(苧績み)と呼ばれ、精麻を米のとぎ汁につけて柔らかくした後にコクバシでしごき、これを細かく裂いて、指先で均等の太さにつないだ。主に女性の手で行なわれ、当地域の重要な産業となった。当初、原料となる精麻は、周辺で生産された麻を使用していたが、生産が追いつかず、その仕入地を栃木県などほかの地域にも求めるようになった。

奈良県で生産されている奈良晒の一部にも野州麻が使用されている。『日本山海名物図会』(1754年・宝暦4年)には、「麻の最上は南都なり。近国より其品数々出れども染めて色よく身にまとわず汗をはじく故に世に奈良晒とて重宝するなり」と紹介され、第一級の織物として評価されていた。現在も奈良市の月ヶ瀬で織られた反物は、御所用麻布として伊勢神宮に毎年納められている。初期の奈良晒は山形県のカラムシからとった糸で織られていたが、明治時代末頃からは奈良県や三重県(伊賀地方)で栽培されたアサ、後に群馬県産の麻(甘楽麻・吾妻錦)や野州麻が使用されるようになり、今日に至っている。生産された麻布は晒した後、衣料や茶巾などに加工されている。

かつては、福井県の大野地方、石川県の能登地方、富山県の砺波地方など北陸各県で作られていた麻織物の一部に野州麻が使用された。

【横綱】

大相撲の土俵入りの際に横綱がつける綱の多くは、野州麻で作られている。横綱の体格にもよるが、概ね8～20kgほどの麻を必要とし、横綱昇進時と年に3回開催される東京場所の前に新調される。原料となるアサは、各相撲部屋と麻問屋、もしくはアサの生産農家との間で売買される。

横綱は注連縄の一種である。注連縄とは不浄なものの侵入を

櫓太鼓の最上部につけられた精麻(東京都墨田区)　2008(平成20)年

禁ずる印として張る縄で、内には聖なる神が宿るものとされている。したがって、それを締めることが許された横綱は、肉体に特別な力が宿るものと解釈される。

相撲の世界ではこのほか、櫓太鼓が鳴る櫓の最上部に、麻の御幣をつけた竹竿が下げられる。これをダシッペ(出し幣)と呼び、天下泰平と五穀豊穣、場所中の晴天を祈るものとされる。

【神仏具・縁起物】

現在、野州麻の需要の最も大きな部分を占めるのが神具・縁起物である。特に色艶のよい精麻が好まれる。神道では麻は「神様のしるし」とされ、神官がつける狩布なども麻で作られている。また、御祓いの時に使用する御幣や鈴緒の綱などにも麻は欠かせない。その多くは、個人が神社に奉納したものである。

縁起物としては、結納で取り交わす友白髪がある。麻は貴重品であり、生活必需品でもあった。そして魔を払うなど呪術力があると考えられていて、ほかにも臍の緒を縛る糸や死に装束、地域の祭礼など人生の節目や季節の節目などに使用された。

【その他の利用】

栃木の麻問屋では、チリトンボ、尺トンボを製造販売している。両者は伝統的な建築物、特に土壁を復元する場合などに使用される。チリトンボは、欄間の大きさに合わせたもので長さ約10㎝、尺トンボは、壁に合わせて約30㎝である。精麻の端材をオシギリで規定の長さに切り、一方に釘をつけたもの。

弓弦は、野州麻の中でも強靭力に優れ、最も高い品質のものが用いられる。また、太鼓の調べ緒、能や神楽面の紐、祭礼衣装、地域の伝統工芸品などにも使用されている。これらのうちには、化学繊維で代用可能なものもあるが、伝統的な音や形状、感触、精神性を求める上で、アサは欠かせない。従来は、地域で生産されたアサから作られていたが、それが難しくなったことから、野州麻の生産農家や組合には、問い合わせが多く寄せられている。

●皮麻

皮麻《ひま》は、精麻する前の生産物である。戦前の広島県では、栃木県から皮麻(広島県ではこれを荒苧という)を購入し、これを苛性ソーダで煮てから余分なカスを取り除き、扱苧《こぎそ》(栃木県では精麻という)にして出荷した。

皮麻は、畳の経糸の原料として出荷された。これは、主に畳表の産地であった広島県や岡山県の業者が買い取って製品とした。戦後は、外国産の綿糸や苧麻糸、化学繊維に取って代わられ、麻の畳糸を見る機会は少なくなったが、文化財級の建物の畳を復元する際に野州麻の糸が使用されることがある。

また、丈間(荷造りに使う布)を織る時の経糸にも使用された。栃木市皆川が丈間織の産地として知られ、こんにゃくなどの荷造り用の包みに使用された。また群馬県では蚕座(蚕の飼育に用いられる長方形または円形の竹などで作った籠にむしろ・紙などを敷いたもの)として用いた。しかし、丈間織は、ダンボールやビニールの出現によって、1960年頃までには衰退した。

さらに、「国指定無形文化財 久留米絣」の絣の縛り糸として使われている。大分県で生産されるが、野州麻の生産地にも期待が高まる。ほかに、生け花や室内のインテリアなどに皮麻が使われることがあり、注文に応じて製作している。

●麻幹

麻幹《おがら》は、精麻を作る時にできる副産物である。これらは仲買人が農家より買い取り、荒物問屋などで販売される。白くてまっすぐに伸びたものがよく、曲がっているものは安い価格で買いたたかれるか、取引の対象とはならない。現在は、アサの皮を剥ぐときに折り取った長さ5㎝ほどの麻幹(オガラッコ)も、1袋単位で取引される。麻幹は、建築材にもなり、また蒸し焼きにしたものは懐炉灰の原料となった。

今日では雑具・縁起物のほか、花火の助燃剤に利用される。

【建築材】

特に屋根材として用いられた。80坪の家で約3000束の麻幹が必要だといわれる。軽くて丈夫なことから重宝された。鹿沼市の医王寺など、伝統的に麻幹で屋根を葺く寺社が全国にいくつかあり、屋根の葺き替えが必要になると、遠方からも注文が入る(5章参照)。

【懐炉灰など】

麻殻を釜に入れて蒸し焼きとし、その灰を砕くことによってできる原灰に、おがくずを蒸し焼きにして作った素灰などを加えたものである。はじめは農家の副業により行なわれていたが、明治時代の中頃に栃木市にカイロ灰の工場ができると、周辺各地にも工場が作られ、栃木市は日本有数の懐炉灰の生産地となった。大正時代から昭和時代中期にかけて生産が盛んになり、麻殻の需要も増大したが、昭和30年代に普及した白金触媒式カイロ、昭和50年代以降は鉄粉カイロ(使い捨てカイロ)の出現によって、現在ではその生産は皆無に等しい。

今日、麻幹から作られた炭は、有害物質の除去や消臭剤としても注目されている。また、着火が早い麻の炭を花火用の火薬に混ぜて使用することで爆発力が増し、大きな花火を作れるため、東京の花火の製造業者などにも出荷されている。

【祭礼等】

盆の迎え火と送り火の松明として苧幹を用いる。また、茄子やきゅうりで作った精霊馬の足に使用する。婚礼の際の入家儀礼に使用することもある。祭りによっては苧幹が必要不可欠で、そうした地域からの注文が見られる。

●その他の副産物

アサは繊維や麻幹以外にも利用価値があり、余すところなく使用された。

【オアカ(麻垢)】

麻引きの際にできる繊維のカスで、川などで水洗いをした後に、干すことで商品となる。子どもの小遣い稼ぎとなった。繊維分が多く含まれることから、紙の原料となった。専売公社や製紙会社に販売されたオアカは、煙草の巻紙や百円紙幣、包装用の粗紙となった。また左官屋が壁土に混ぜて使用することもあった。さらに麻垢は窒素分が多く含まれることから肥料として用いられ、その場合は堆肥の中に混ぜ合わせた。麻紙を作る際に、これを混ぜ合わせると風合の良い製品となる。

【麻種】

麻種《あさたね》は、ほとんどは次年度の播種に使用されたが、食品の調理(七味唐辛子など)や鳥の飼料にも使われた。また、油分が多く含まれることから、ボイル油や燈用として用いることもあった。これは麻種が大量に採れた時に販売された。現在は、大麻取締法の規制もあり、アサの種は厳しく管理されている。

【麻の葉】

オノハともいう。農家では畑にとっておき、その後に栽培するホウキモロコシ、アズキ、ソバなどの肥料とした。葉は干して乾燥させ、種を播いた後の畑に撒いた。雑草除けにもなった。

(篠崎茂雄)

3章
各地の麻栽培

日本各地の麻生産と利用
——その歴史を掘り起こす

かつて、麻は全国各地で生産されていた。なかでも栃木県、福島県、群馬県、広島県などでは、江戸時代から昭和時代初期にかけて商品作物として麻を生産し、全国に出荷していた。また、冷涼で木綿の栽培に適さない東北地方や中部地方などの山間地では、戦前まで自給用に麻を栽培し、衣類や漁網、綱などに加工していた。多くの博物館や資料館には、麻の生産用具(農具)や製品、史料などが遺されており、当時の様子を知ることができる。

ところで、麻にはTHC(テトラヒドロカンナビノール)と呼ばれる向精神薬の成分が含まれており、1947(昭和23)年には、連合国軍総司令部(GHQ)の指令を受けて「麻薬取締規則」が、翌48年には「大麻取締法」が制定され、その栽培には都道府県知事の許可が必要となった。さらには、外国産麻の流入や化学繊維の普及等により、麻の需要が激減したことから、作付面積は年を追うごとに減少し、現在は、栃木県や岐阜県、群馬県などのごく限られた地域でしか生産されていない。しかも、その多くは、地域の伝統芸能や伝統工芸を保護するために、特別に栽培が許可されたものである。

このように、麻をとりまく環境は時代によって大きく変化しているが、本章では現在も麻の生産が行なわれている栃木県、宮城県、群馬県、大分県などの事例を述べるとともに、福島県や広島県など、かつての生産地域に遺された民俗資料や報告書、聞き取り調査等をもとに、全国各地で行なわれていた麻の生産とその歴史について紹介する。

●日本一のアサの生産地——栃木県(野州麻)

【産地成立の条件】

栃木県は品質、生産量ともに日本一の麻の生産地として知られている。少なくとも江戸時代には、商品作物として生産され、現在も「野州麻」、「鹿沼麻」などの銘柄で市場に出荷されている。

第二次世界大戦以前、麻は全国各地で生産されていたが、光沢に優れ、かつ強靭で良質な繊維を生み出す麻が生産できたのは一部の地域に限られていた。それは、砂礫地で水はけのよい地域、腐食物質の乏しい地域、夏の気温が冷涼な地域、西日があたらない地域、風・雹害が少ない地域といわれ、栃木県では、鹿沼市(旧鹿沼市・粟野町)をはじめ、日光市(旧今市市)、栃木市(旧栃木市・都賀町・西方町・岩舟町・大平町)、佐野市(旧葛生町・田沼町)、壬生町、宇都宮市などの足尾山地東南麓の諸渓谷とその扇状地面が該当した。あわせて、生産地と消費地

図1　大麻栽培の現状（都道府県別作付面積・生産量・従事者数）（厚生労働省資料より作成）

	免許人員	栽培面積(a)	繊維採取量(kg)
北海道	1	3.5	5
青森県			
岩手県	1	5	12
宮城県	1	1.5	3
秋田県			
山形県			
福島県	1	2.4	9.2
茨城県			
栃木県	25	645.5	1829.4
群馬県	1	5.3	28.5
埼玉県			
千葉県			
東京都			
神奈川県			
山梨県			
長野県	2	4.6	6
新潟県			
静岡県			
愛知県			
三重県			
岐阜県	18	35.93	1304.6
富山県			
石川県			
福井県			
滋賀県	3	8.91	5.3
京都府			
大阪府			
兵庫県			
奈良県	3	2.1	30.4
和歌山県			
鳥取県			
島根県			
岡山県			
広島県			
山口県			
徳島県			
香川県			
愛媛県	1	3	20
高知県			
福岡県			
佐賀県	2	3	51.5
長崎県	1	0.3	0.2
熊本県			
大分県	1	2	20
宮崎県			
鹿児島県			
沖縄県			
	61	723.04	3325.1

栽培者数（免許人員／2006年度）

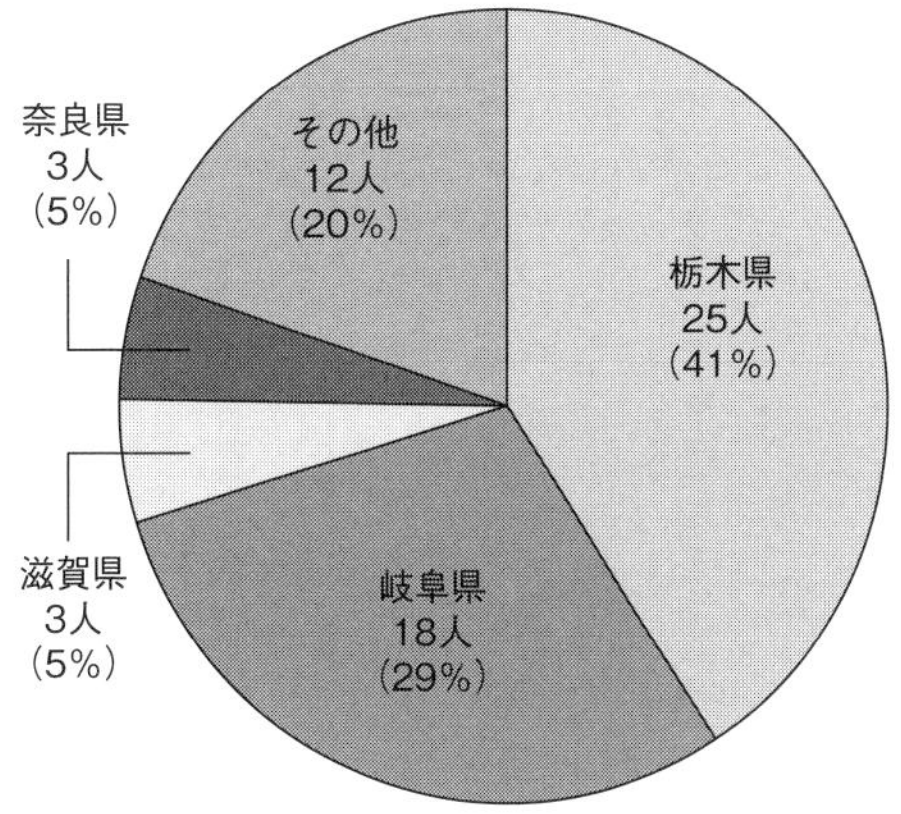

栽培面積（2006年度）

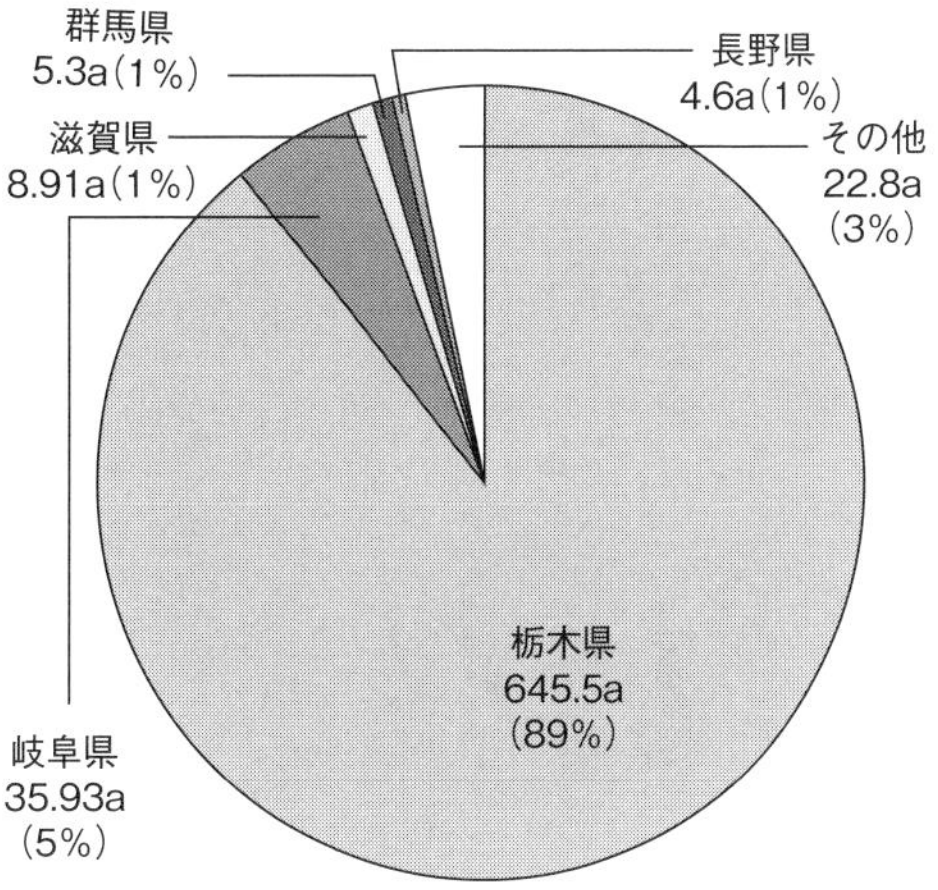

繊維採取量（2006年度）

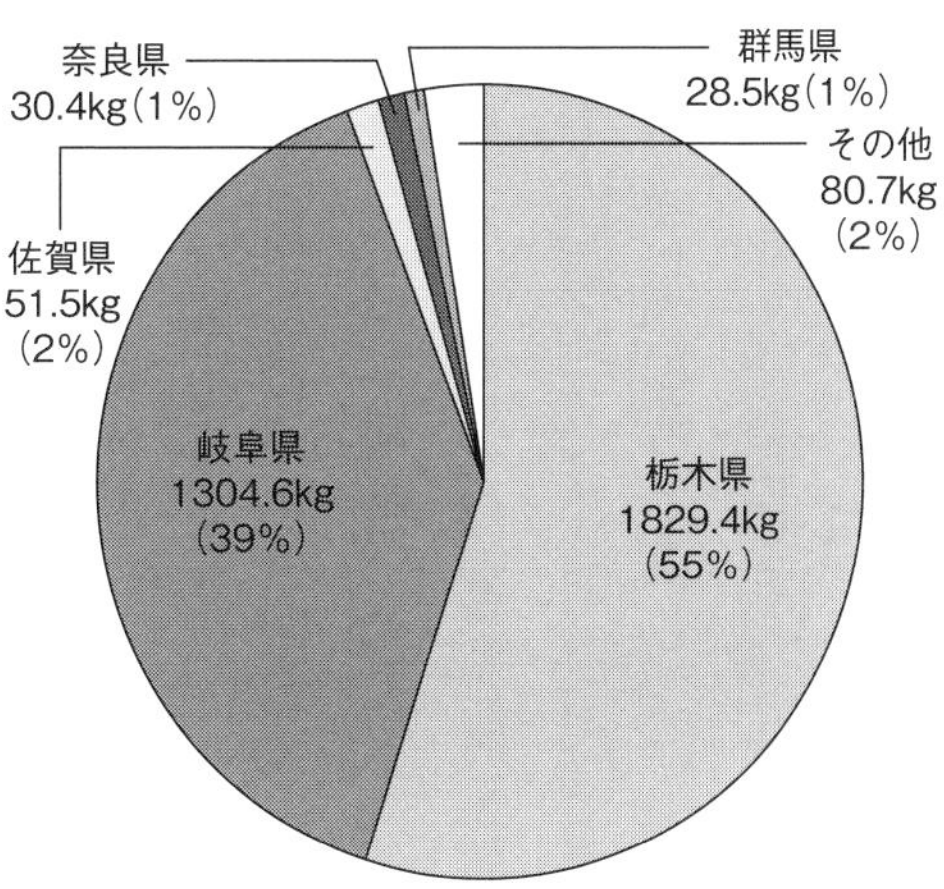

麻種蒔器（個人蔵） 1882（明治15）年（写真：栃木県立博物館）

が河川や鉄道などで結ばれていたことも野州麻の発展に寄与した。なかでも巴波《うずま》川の水運で栄えた現在の栃木市には、麻問屋が集積し、ここから多くの麻が江戸に出荷された。

さらには、地域の篤農家や行政によって、麻の栽培が奨励され、品種や農具の改良が行なわれたことも、この地域で生産が拡大した理由である。なかでも口粟野（現・鹿沼市粟野）の中枝《なかつえ》武雄が１８８２（明治15）年に開発した麻種蒔器（播種器）は、労働生産性の向上に寄与するとともに、当地における麻の大量生産を可能にした。中枝はまた、麻の生産用具や作業風景を「大麻栽培用具並びに作業絵図」にまとめ、麻作りの方法を広く人々に啓蒙している。一方、県の農事試験場（現・栃木県農業試験場）では、積極的に麻の品種改良や技術開発に取り組み、それらの成果を研究報告書や教本にまとめることで、地域に還元している。特に、１９８２（昭和57）年に栃木県農業試験場鹿沼分場が開発した「とちぎしろ」は、ＴＨＣの成分がほとんど含まれていない麻であり、84年までに栃木県で栽培される麻はすべて「とちぎしろ」に転換された。その結果、麻の盗難が減り、生産者の負担が軽減された。

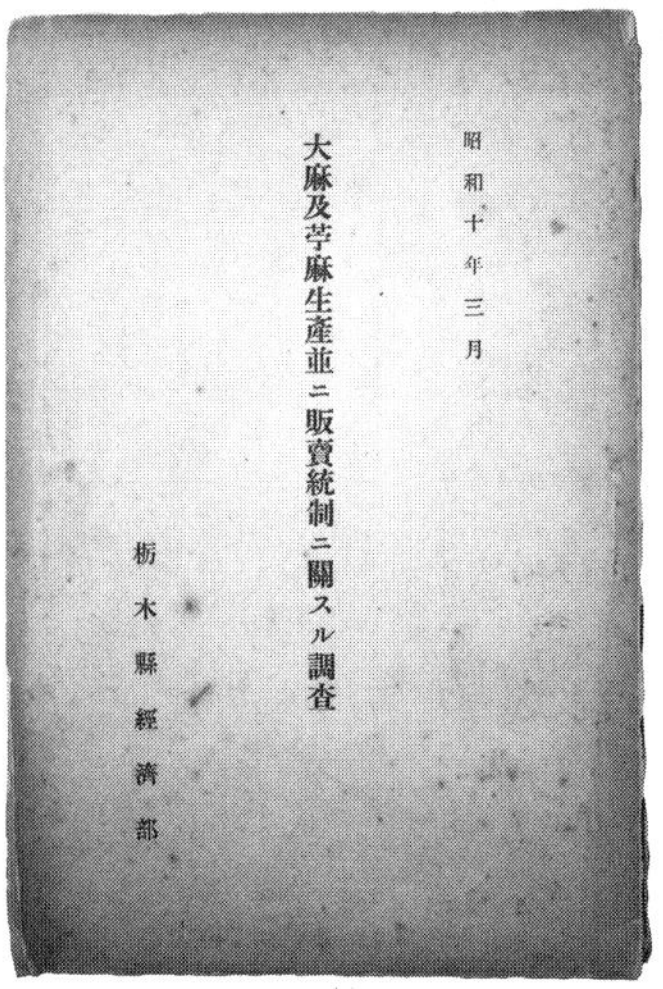

昭和十年三月

大麻及苧麻生産並ニ販賣統制ニ關スル調査

栃木縣經濟部

『大麻及苧麻生産並ニ販賣統制ニ關スル調査』（個人蔵） 1935（昭和10）年

【栽培の起源とその後の販路拡大】

栃木県における麻の生産の起源は定かではないが、平安時代中期に編纂された『延喜式』には、下野国（栃木県）は常陸国（茨城県）などとともに麻布の産地であったこと、民部省に年料別貢雑物として麻子（麻の種子）を納めていたことなどが記載されている。これは、栃木県一帯で良質な麻布や麻種が生産されていたことを示すものである。

一方、野州麻の生産地では、弘治年間（１５５５〜57）に引田村（現・鹿沼市引田）に開山した長安寺の健紹大和尚が、本山のある信濃国から麻種を持ってきたという伝承が見られる。また、一説には、岡（現・鹿沼市）の農民が、伊勢神宮から種を取り寄せて播いたところ生育が極めて良好であったことから栽培されるようになったという。

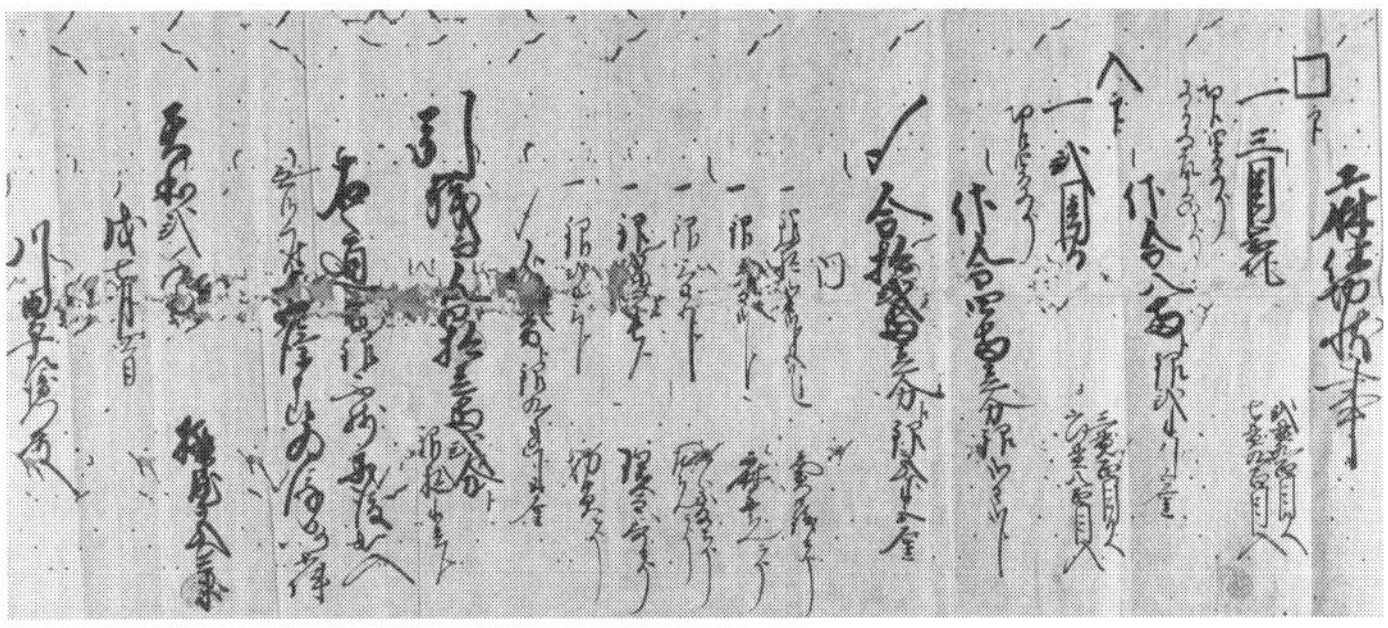

麻仕切状（個人蔵）1801 〜 1804年（享和期）ころ（写真：鹿沼市教育委員会）

しかし、この地域で麻が商品として出荷された様子が確認できるのは、寛文年間（１６６１〜73）以降のことであり、下日向村（現・鹿沼市下日向）の川田平左衛門などが江戸へ麻を出荷していた記録が見られる。それによれば、「平左衛門が出荷した麻は「岡地苧」と呼ばれる銘柄をはじめ、網麻、綱麻など用途による種別、さらには同じ岡地麻でも品質による等級が見られ、粟野、板荷、引田など産地別区分による価格の設定も行なわれていた。「こうした品質・産地別による製品区分の細かい設定は、１６００年代末の江戸市場において、野州麻の商品化が非常に進んでいたことを示している」（『鹿沼市史』通史編近世１・鹿沼市史編纂委員会）。江戸に運ばれた麻は、主に下駄の鼻緒の芯縄に加工された。

野州麻は、現在の千葉県や茨城県など太平洋沿岸地域にも出荷された。江戸時代中期になると、これらの地域では、鰯漁が盛んになり、漁網を作るための大量の麻が必要になった。そのため、鹿沼の麻問屋は、買い集めた麻を網主に売却し、それを元手に魚肥を購入し、麻農家に肥料として売却するという双方向の商い（のこぎり型商い）を行なうようになった。

明治時代に入ると、野州麻は従来の用途に加えて、製綱産業や軍需産業などとの結びつきを強めていく。愛知県蒲郡市形原《かたはら》地区では、江戸時代の頃より信州（長野県）や野州（栃木県）から麻を購入し、凧糸や大福帳の綴じ紐、岩糸（漁網に使われる網）、島田糸（島田髷束にした麻糸）などを作っていた。いずれも細糸で、数量もわずかであったが、明治時代になると「法蔵寺縄」と呼ばれる警察の捕縛用の縄が製造されるようになり、さらに１８７４（明治７）年に形原在住の小島喜八によって「後去歯《あとざり》車式撚糸機」が開発されると、機械による縄や綱の大量生産が可能になった。撚糸機はその後も改良が加えられ、また作られる綱の種類も鰤網やロープなどの太物に移行したことから、原料となる野州麻の需要も高まった。

一方、栃木県においても、１８８８（明治21）年に下野麻紡織会社（帝国繊維株式会社の前身）

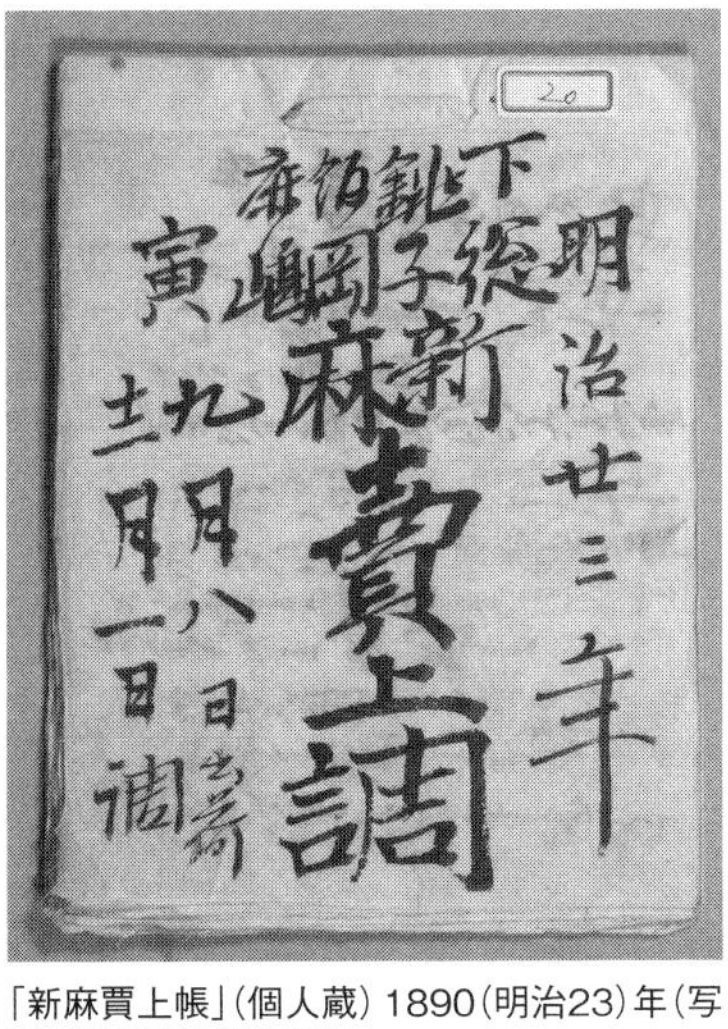

「新麻買上帳」（個人蔵）1890（明治23）年（写真：栃木県立博物館）

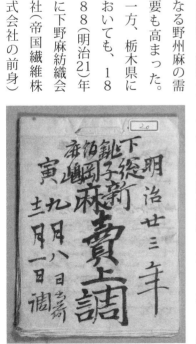

が設立されたことで、野州麻を用いた紡織が行なわれるようになった。

【明治中期以降の野州麻】

このように全国に向けて販路を拡大する野州麻ではあったが、明治時代の中頃より中国産麻（カラムシ）やマニラ麻、亜麻などの脅威にさらされることになる。これらの外国産麻は、品質や安定供給の面で難点はあるものの、安価なことから次第に国内産麻にとって代わるようになり、野州麻の生産地でもその対応に苦慮することになる。日光奈良部村（現・鹿沼市日光奈良部町）の鈴木要三による下野麻紡織会社の設立や県が主導した生産技術向上への取り組みは、そうした時代の要請を受けたものであった。そして、商品テストを行ない、野州麻の特徴を証明することで、安芸麻（広島県産）、信州麻・山中麻（長野県産）、岩島麻（群馬県産）など国内他産地との競争を繰り広げていた。

昭和時代初期ごろの野州麻（精麻）の用途を見ると、芯縄原料が70％と大きな部分を占め、ほかに製綱原料10％、軍需用原料10％、漁網原料５％などが続く。そのほか、割合は少ないものの織物、弓弦、雑具などの用途も見られ、出荷先は、東京、神奈川、千葉、茨城、宮城、静岡、富山、石川、福井、愛知、滋賀、奈良、大阪など東日本及び関西一円に及んだ。そして各地の工場で加工された綱やロープ、漁網などは、国内はもとより樺太、台湾、北米などにも輸出された。ほかに畳表の原料として、精製されていない麻（皮麻）が兵庫、広島、岡山などに販売された。１９３５（昭和10）年からは、出荷地によって異なっていた麻の結束の方法や名称を統一し、また、県営検査を実施することで品質の保持につとめ、新たな需要の拡大を図ることにした。

【栃木県での生産の推移】

ところで、栃木県における明治時代中期から現在までの麻の生産量の推移を見ると（図２）、生産量は日露戦争（１９０４〜05年）、第一次世界大戦（１９１４〜18年）、第二次世界大戦（１９３９〜45年）など戦争前後の時期に増大していることがわかる。その年の気候や社会情勢の影響を受けやすい麻は、価格変動の激しい作物として知られていたが、戦時中は、ロープ、帆布、馬具、砲車用具など軍需物資の生産が増大したことから、麻紡績関連の産業は活況を呈していた。当時においても、マニラ麻やサイザル麻など外国産麻を用いた製綱は行なわれていたが、国内自給率が高かった麻は、国策として生産力の増強が求められ、加えて、海軍では柔らかくて狭い艦内でも取り扱いが容易な点が、陸軍では重量が軽い割には強度がある点が評価されていた。この時期、鹿沼有数の麻問屋である長谷川唯一郎と福田代造は、東京製綱株式会社をはじめとする軍需工場に麻を販売し、野州麻の需要拡大に貢献している。

図2　栃木県での大麻生産量の推移（明治時代中期～現在）（栃木県統計年鑑より）

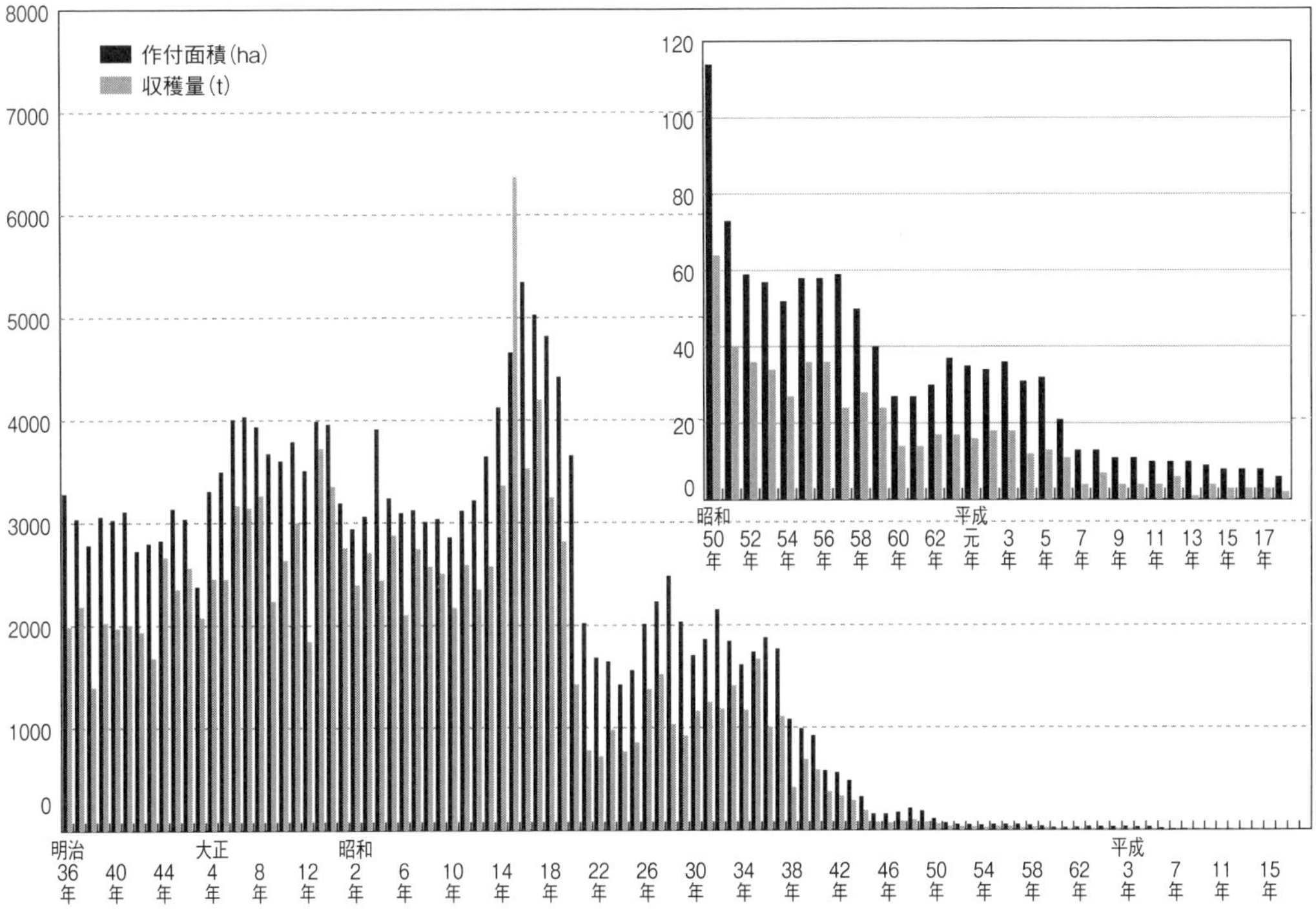

野州麻の生産地では、全国でも珍しく、第二次世界大戦以降も麻の生産が続けられていたが、マニラ麻やサイザル麻などの外国産麻や化学繊維の普及等により、生産戸数、栽培面積は年を追うごとに減少し、１９６３(昭和38)年には６２３３戸、１０８０haほどあったものが、２０１３(平成25)年には18戸、４・５haにまで落ち込んでいる。現在、麻は主に神具用として鈴《すず》緒《お》(神社の拝殿前の鈴につけられた布綱)や幣束《へいそく》(御幣のこと。２枚の紙垂れを竹または木の幣串に挟んだ物)などに加工され、ほかに高級下駄の鼻緒の芯縄、弓弦、凧糸、太鼓の調緒、織物用の糸、建築用材などの需要が見られる。日本の伝統芸能や伝統工芸を支える素材として、麻は必要不可欠なものであることから、野州麻に対する期待はますます高まっている。

【栽培・加工方法の改良発展】

野州麻の栽培と加工方法については4章で紹介するが、栃木県で行なわれてきた麻の生産は、商品作物としての地位を確立するために、江戸時代中期から昭和時代中期にかけて高度に発展したものであり、ほかの生産地とは異なる手法が用いられた。それは、高品質の麻を大量に生産するための工夫であり、先に紹介した麻種蒔器をはじめ、麻を収穫するためのアサキリボウチョウ、繊維に加工するためのオブネ、テッポウオケ、テッポウガマ、アサヒキバコ、ヒキゴなどの用具は、ほかに類を見ない。

野州麻の生産用具①アサマルキダイとアサタバ、②オブネ、③ショイバンゴ、④アサヒキバコ、⑤ヒキゴ、⑥テッポウガマ、⑦テッポウオケ、⑧カッサビ、⑨ハシュキ、⑩テゴ、⑪ケツミザル、⑫アサキリボウチョウ(栃木県立博物館蔵)

宇都宮市にある栃木県立博物館では、野州麻の生産用具を体系的に収集保管している。そのうち栽培用具199点、生産用具162点の計361点については、日本の代表的な麻の生産地である鹿沼市とその周辺における麻生産の実態を示すとともに、日本における植物性繊維の生産・利用の変遷を知る上で重要な資料であることから、2008(平成20)年3月13日に栃木県の資料としては初めてとなる国の重要有形民俗文化財に指定された。

●屯田兵の生活を支えたアサ栽培――北海道

【屯田兵制度と麻栽培】

北海道では、縄文時代後期のキウス4遺跡(千歳市)や同晩期の江別太《えべつぶと》遺跡(江別市)から麻の種が発見されているが、それ以降は、江戸時代中期頃まで麻に関する事例を見いだすことは難しい。例えばアイヌの伝統的な衣装であるアットゥシには、オヒョウやシナの内皮繊維や交易によって得られた綿糸が、綱にはイラクサ科の繊維が使用され、麻を利用した痕跡を見ることはできない。文献に「麻」が登場するのは、1717(享保2)年になってからであり、幕府巡見使の覚書である『松前蝦夷記』(1717年)には、粟や稗などとともに畑作物の一つとして、「あさ」の名称が記載されている。

北海道において、麻が再び注目されるのは、明治時代になってからである。1874(明治7)年に北海道において屯田兵制度(北海道開拓と北方警備を目的として、兵農両面を担う人員を北海道の各地37の兵村に7300名あまりが組織的・計画的に移住・配備された制度。1904年まで続いた)ができると、それらを管轄する開拓使では、副業として麻の生産を奨励した。例えば、山鼻兵村《やまはなへいそん》(現・札幌市西区)では、栃木県から取り寄せた麻の種を播き、得られた繊維は鰯や鰊の漁網などに加工している。一方、上川(現・上川町)の屯田兵には、官給品として麻の種子と麻の生産用具である麻こきなどが支給された。さらに、1892(明治25)年に屯田兵として、旭川村(現・旭川市)に入植した広沢徳次郎(1865~1949)は、『屯田物語原画綴』のなかで、麻畑や「麻切刀」、「麻ムシ風呂」、「麻製造具」など麻の生産用具を描くとともに、当時の様子を以下のように記述している。

「麻は、この兵村の地に適していたのか、6~7尺(1・8~2・1m)に伸び、枝もなくそろっていて最高のものができた。これを乾燥させておき、冬期間の副業として製造するものである。朝早くから湯を沸かし、麻を浸けておき、皮を剥ぎ、乾燥台にのせて乾燥させるのである。収穫もあり入植初めのころの副業として良好であった」

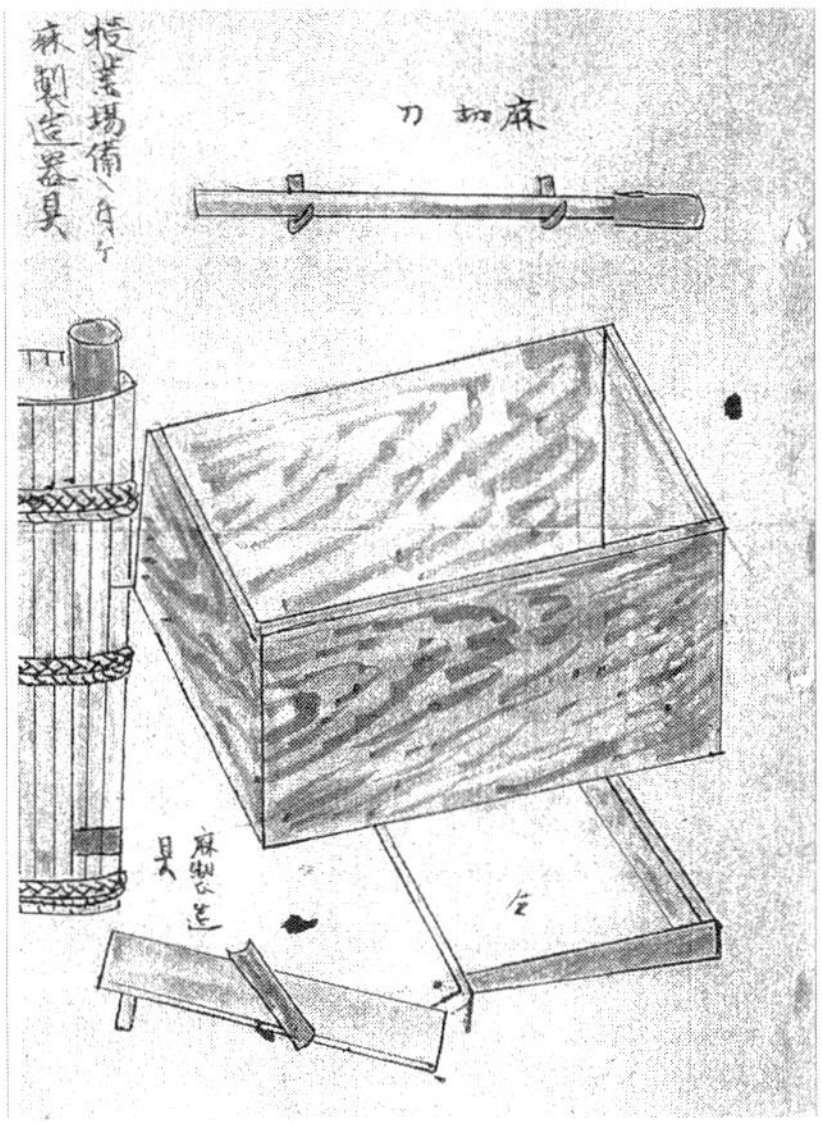

屯田村で使った麻製造器具『屯田物語原画綴』(個人蔵)(写真:旭川兵村記念館)

このなかに描かれている麻の生産用具は、当時の栃木県で使用されていたものと同じもので、野州麻の生産用具が北海道でも使用されていたことを示すものであり、こうした屯田兵村は、道内各地で見ることができた。北海道では、各人に麻の作付けを割り当て、指導者を配置し、冬は共同授業所で製麻の作業をさせるなど、国策として麻の生産を行ない、また、札幌に作られた札幌農学校(北海道大学の前身)も麻の研究を行なうことで、それを支援した。

【野州麻技術による生産拡大と亜麻移行による衰退】

ところで、先に紹介した栃木の篤農家・中枝武雄は、北海道においても麻の普及・啓蒙に務めている。中枝は、北海道庁や北海道屯田兵第一大隊などに働きかけて、麻の種や生産用具を北海道に送るとともに、帯広に作られた大麻試験地には実弟を派遣して、管理指導にあたらせた。中枝家には、札幌屯田兵に宛てた麻種の「送り状」(1885年)、屯田兵第一大隊に宛てた「麻製具御買上願」や「麻種御買上約定書」(1890年)、北海道屯田大隊各中隊にあてた「麻種注文書」(1903年)などの文書が残り、北海道との関係が深かったことを物語る。北海道で麻の生産が増大し、かつ野州麻の生産用具が見られるのは、中枝家の活動によるところが大きい。

麻の生産量が増大したことを背景に、1887(明治20)年には、札幌に北海道製麻会社が創設され、各地の屯田兵村で作られた麻は、ここで糸や帆布などに加工された。しかし、明治20

年代の後半頃から、北海道において本格的に亜麻の生産が始まると、紡績の原材料は、麻から亜麻へ移行することになる。近江(現・滋賀県)で麻紡績会社を経営する高谷光雄は、その著書『日本製麻史』のなかで、工業原材料として麻が使用されなくなった理由として、以下の点をあげている。

1　大麻の繊維が粗硬である。

2　製造上原料の損失が多く、技術上の困難さもあり、経済的に不利益である。

3　民間市場でも、次第に亜麻製品が好まれるようになった。

また、麻のゴム質(粘着力)が機械紡績に適していなかったことは、誰もが認めるところであり、その一方で、紡績に適した高品質の麻だけを選別し、もしくは新たに開発することは、採算に見合うものではなかった。そのため、野州麻の需要拡大を目指して、栃木県に作られた下野麻紡織会社においても、一部の製品を除けば、原材料として亜麻が使用されるようになる。

●東北地方北部のアサ文化——青森県・岩手県

【青森県——こぎん刺し・菱刺し、蚊帳】

青森県もまた、麻の生産が盛んな地域として知られている。温泉地として知られる浅虫《あさむし》温泉(青森市)は、「麻蒸し」の場であったことが名前の由来とされる。1793(寛政5)年に下北半島を歩いた菅江真澄《すがえますみ》は、『牧の朝露』のなかで「初秋のころの生業としてどこの家でも麻苧《あさお》を刈って糸をひき、ところせましとかけていた」、また1804(弘化元)年に松浦武四郎が著した下北半島の地誌書『東奥沿海日誌』にも「家々皆麻を製せり」、「衣装は皆白麻の短きものを着て」などの記述が見られ、下北半島では、少なくとも江戸時代中期頃には麻を作って糸をとり、それを衣類に加工するなど、生活のなかで麻を利用していたことがわかる。

また、近年、工芸品として高い評価を得ている津軽地方の「こぎん刺し」や南部地方の「菱刺し」は、いずれも麻やカラムシ(苧麻)で織った着物に刺繍(刺し子)を施したものである。青森県は寒冷地ゆえに木綿の栽培には不向きであり、また綿織物を購入することは容易なことではなかった。そのため、衣類は麻やカラムシで作られていた。しかし、麻布は織り目が粗く通気性がよいことから、冬の着物としては欠点を抱えていた。そこで青森の女性たちは、麻や木綿の糸で刺し子を施し、布の保温力を高めることで寒い冬を乗り切ろうとした。刺し子はまた、布地の強度を上げ、装飾としても優れていた。こうした文化は、戦前まで女性の手によって受け継がれていたが、その後は、麻の栽培規制と木綿の流入により衰退の一途をたどっていた。そのことに危機感を覚えた民俗学者の田中忠三郎氏(1933〜

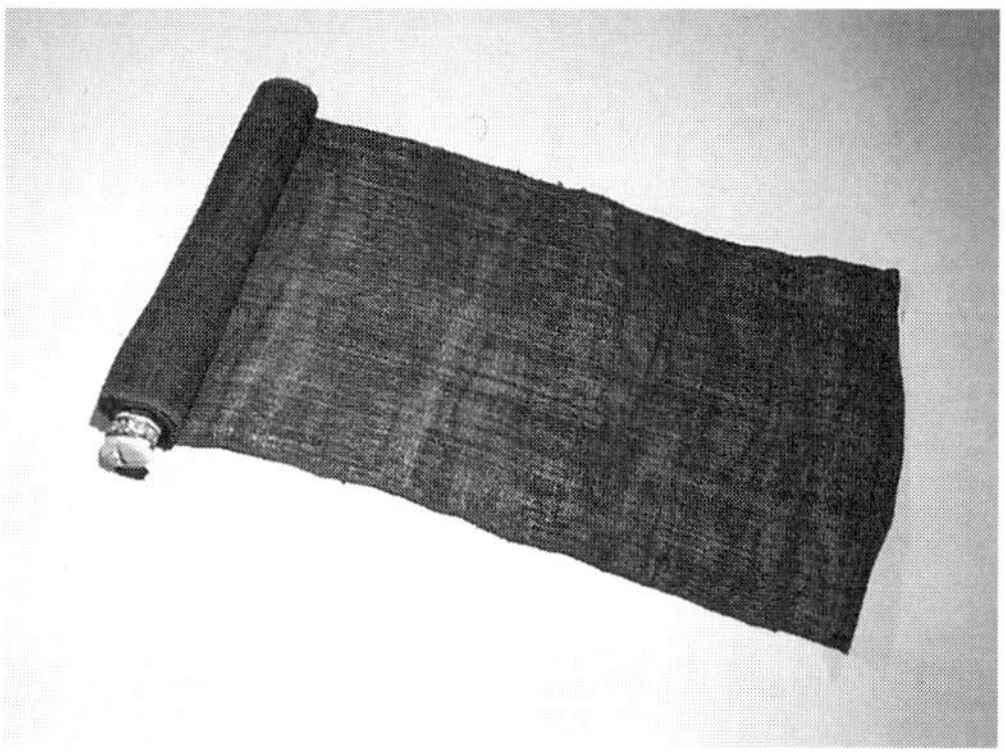
蚊帳（部分）（栃木県立博物館蔵）

２０１３）は、青森県の染織文化に光を当てるとともに、衣類の収集・保存活動を行ない、その結果「津軽・南部のさしこ着物」７８６点は国の重要有形民俗文化財に、「南部地方の紡績用具と麻布」５２０点は青森県の有形民俗文化財に指定された。

一方、青森市にある青森県立郷土館では、麻の着物とあわせて麻を蒸す時に使用した釜などが展示され、八戸市立博物館には麻を蒸すための蒸篭、麻の表皮を掻き取る時に使用するセンビキとセンビキダイ、麻糸に撚りをかけるためのテシロやツムなどが収蔵されている。これらの多くは、八戸市の海岸地域の集落に住む人から寄贈を受けたもので、この地域では、麻を蒸してから皮を剥いで繊維を取り出し、漁網や衣類が作られていたことがわかる。さらに、栃木県立博物館では、青森県出身の女性が嫁入り道具の一つとして持参した蚊帳地（一部）を収蔵している。昭和10年代に作られたものであるが、当時は、麻を績んで蚊帳を作ることは、嫁として習得しなければならない技能の一つで、それができることは、一人前の女性の証であったという。

【岩手県――雫石麻、亀甲織】

岩手県は、江戸時代に名声を博した「雫石麻」の生産地として知られている。１９３５（昭和10）年の統計によれば、岩手県の麻の生産量は51貫（約１９１kg）であり、栃木県、長野県、広島県、熊本県に次ぐ生産量を誇っていた。生産された麻は索綱《さくこう》（わなとつな）、馬具、漁網、織物、下駄の鼻緒の芯縄などに加工された。現在は、雫石町を拠点に活躍する「しずくいし麻の会」が麻の生産から糸作り、加工までを一貫して行ない、大正時代に途絶えた「亀甲織」の復元・生産に取り組んでいる。「亀甲織」とは、この地方で作られていた麻織物で、経糸を緯糸に絡ませながら六角形の亀甲模様を浮かびあがらせるもので、江戸時代は南部藩に献上されて武士に愛用され、明治時代以降は農作業着の下に「汗はじき」として着用された。地域の風土を活かし、機能性と美を追求した織物であり、２００５（平成17）年には、雫石町の選定保存技術に認定された。

ほかに、麻に関する用具は、宮古市（旧川井村）にある宮古市北上山地民俗資料館が所有する国指定重要民俗文化財「北上山地川井村の山村用具コレクション」において見ることができる。川井村は、北上山地の山麓に位置し、戦前まで自給用に麻を生産していた。この地域の麻は以下のように生産された。

麻は家近くのオズボバダケ（麻坪畑で栽培された。種はブナの芽が萌え出す八十八夜(5月2日ごろ)に播き、二百十日(9月1日ごろ)の一週間ほど前までの晴天の日に根から引き抜いて収穫した。この作業はイトヒキ(糸引き)と呼び、数軒の農家で作られる組仲間で行なった。収穫した麻は根の土を落として押し切りで根元を切り、ハウチベラ(葉打ち篦)と呼ばれる長さ50㎝前後の木製の篦で葉や穂先を払い落とした。サゴ(長木)を広げて乾かした後、3時間ほど水にひたしてから乾かすか、川原にヤダガマなどを据え、コシキアミ(甑網)の上に麻束を立て、カブセオゲ(被せ桶)を被せて蒸してからイトハギ(糸剥ぎ)を行なった。イトハギは麻の皮を剥ぎ取る作業で、剥ぎ取った皮は、桂などで作られたオビキダイ(苧引台)と、小さい板の小口に鉄板を挟んで打ち込んだオヒキゴ(苧引き子)を使って、オクソ(苧糞)と呼ばれる表皮や余分なカスを取り除き、繊維を取り出した。これらの用具は、カラムシやアイッコ(ミヤマカンスゲのこと)から繊維を取り出す時も使用した。麻は余す所なく使用され、皮を剥ぎ取った後に残る芯は、オガラ(苧幹)と呼び、屋根葺きの材料などに使用した。オクソは夜着に入れて綿の代わりとした。

北上山地に限らず、東北地方の多くの地域では麻や麻糸は「イト」、麻布は「ノノ」と呼ぶ。明治時代の中頃まで、庶民が木綿や絹を購入することは難しく、種を播いて育てることで得られる麻は、この地域にとっては「糸」や「布」そのものであり、生活のなかに深く浸透していた。麻から取り出した繊維から糸をとる場合は、繊維を細く裂き、その繊維を水で湿らせた後、灰水で指先を湿らせながら績《う》んでいく。そして、糸車を回して撚りをかけることで丈夫な糸にした。この糸からは、衣類、袋、肩当てなどが作られ、生活のさまざまな場面で使用された。

●現代に伝わる麻織物——宮城県

現在も旧栗駒町(2005年に築館町、若柳町、高清水町、一迫町、瀬峰町、鶯沢町、金成町、志波姫町、花山村と合併して現在は栗原市)で麻の生産が行なわれているが、その方法は、東北地方などで行なわれていた自給的な麻作りの様子を示すものとして注目される。2013(平成25)年の麻の栽培面積は1・2aで、収穫された麻は、次年度の種取り用のものを除いて、すべて糸に加工してから麻織物とする。

【栽培・アサヒキ(麻引き=収穫)】

播種は4月下旬頃の雪解けを待って行なう。溝をきってから、手で種を播く。畑の周りは生垣で囲っておくが、これは目隠しのため、そして、成長した麻に風が当たらないようにするためである。丈が20㎝ぐらいになったら追肥を行なう。間引きや草取り、土寄せなどは特に行なわない。

収穫は8月頃に行なう。この作業をアサヒキ(麻引き)という。この頃までには、麻は2・5mぐらいの高さにまで成長し、その一部は花をつけている。まず、片手で一掴みほど(十本前後)の麻の茎を持ち、次にもう一方の手を添えて抱きかかえるようにして根ごと引き抜く。この時に茎が細いものや丈が短いもの、枯れているものなどは区別しておく。そして、根についた土を払い落とし、根の方をX字形に交差させて積み重ねておく。ある程度積みあがったら、まず根を押し切りで切断し、次に草刈り鎌の刃先で葉を掻き撫でるようにして削ぎ落とす。ただし、葉は乾燥の過程で自然と落ちるので、きれいに落とすことはしない。また、規定の長さに切り揃えたりもしない。それらが終わったら、一抱えほどの大きさの束にまとめて、丈が短くて使い物にならない麻の茎でマルキ(縛り)、保管場所に運ぶ。そして、天気の良い日に広げて、十分に乾燥させてから、軒先などの雨が当たらない場所に立てかけておく。

【アサハギ(麻剥ぎ)】

茎から皮を剥ぐ作業はアサハギ(麻剥ぎ)といい、秋から初冬にかけて行なう。時期が来たら、家の前に設けられた池に麻束を沈め、十分に水をしみ込ませる。この池は、積もった雪を解かすためのもので、東北地方の積雪地域では普通に見られる施設である。かつては、収穫を終えた田に水を張り、あるいは用水路などに沈めることもあった。5日ほど経つと皮が発酵し、皮が剥げる状態になる。そうしたら、池から麻を取り出して家に運び、そこで、数本の麻の茎を掴み、根元の方から皮を剥い

麻引きのようす(宮城県栗原市、2010〈平成22〉年撮影)以下同じ

麻の根を切るようす

麻の葉を落とすようす

麻束を水に沈める

麻剥ぎのようす（宮城県栗原市）

でいく。剥いだ皮は「の」の字の形になるように置き、ある程度重ねたら絡まないように縄で3か所ほど縛り、水に浸しておく。剥いだ後に残った茎はオノガラ（苧幹）と呼び、盆の迎え火などに使用した。

【アサナデ（麻撫で）】

次に、剥いだ皮から表皮など余分なカスを削り落とす。この作業はアサナデ（麻撫で）といい、ダイ（台）と金属製のクシを使用する。ダイは杉の角材の上に檜の板を張り付けたものである。板は麻の皮と金具が直接に当たる部分で、摩耗したら交換できるようになっている。クシは木製の持ち手がついた金属の板で、鍛冶屋などから購入するほか、刃物や鋸の刃などを用いて、自分で作る場合もあった。麻を撫でる時は、台をマットの上に置き、板の上には麻の皮を載せる。そして、利き手にはクシ、利き手と反対側の手には皮の根元を掴み、麻の皮を手前に引っ張りながらクシの刃先を外向きに倒して押し当てながら、手前から向こう側へとこすっていく。そうすることで、やや黄色味がかった灰色の繊維を取り出すことができる。その際に生じたカスは、かつてはよく乾かしてから着物や布団などに詰めて、綿の代用品とした。これは、冬の寒さが厳しい東北地方の山間地に暮らす人々の知恵である。取り出した繊維は、伸ばした状態で莚の上に並べ、その後、繊維の根元同士を軽く結んでおき、その結び目を竿にかけて陰干しにする。

【麻の種取り】

これらの作業と並行して、種取り用の麻から次年度に播く種を採る。種取り用の麻とは、畑の周囲に播いた麻で、生長しすぎて良質な繊維が採れないものをいう。これらは、収穫せずにそのまま畑に残しておき、9月末から10月頃になったら草刈り鎌で穂先の部分だけ刈り取って、天日で干しておく。十分に乾

アサナデのようす（宮城県栗原市）

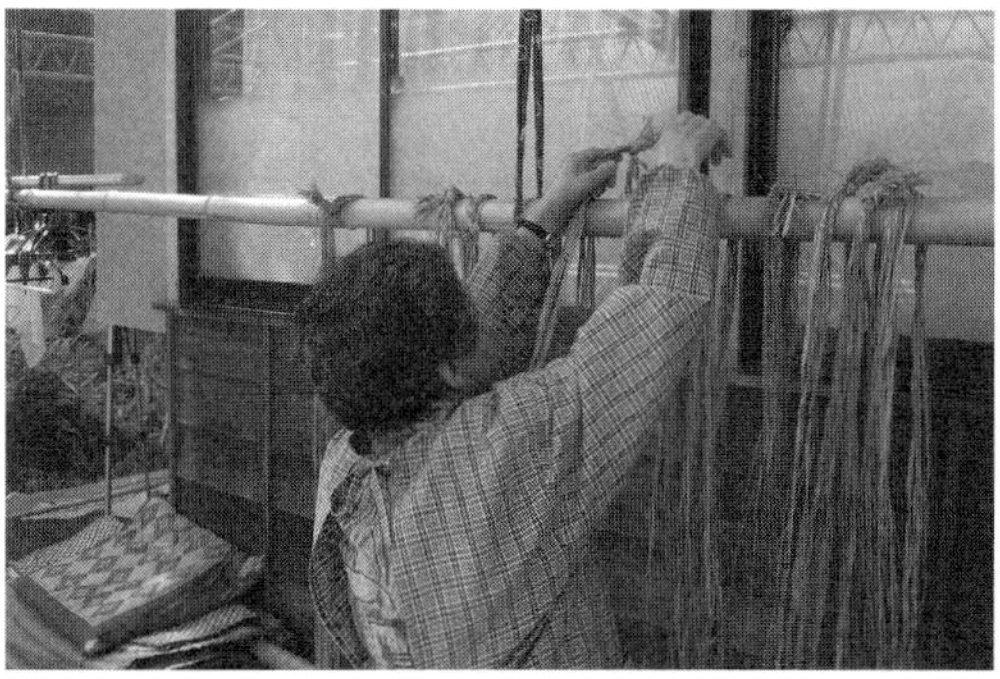

麻を干すようす（宮城県栗原市）

燥したら、棒で叩いて、手で揉み、篩や唐箕で種とゴミを選別する。種は袋や缶に入れて保管する。

このように自給用に麻を作っている地域では、麻の生産のためにだけに使用する用具を購入することはない。例えば、麻の茎から皮を剥ぎ取る際には、熱を加える必要があり、大型の桶や釜、蒸篭などが必要となるが、栗原で行なわれている方法は、麻を水にひたすだけなので、これらの用具は必要ない。また、収穫の際に用いる鎌や押し切り、篩、唐箕なども米作や畑作共通で使用する用具であり、麻専用の用具とはいえない。時間がかかり、大量生産には向かないが、自給用に麻を作る場合は、最も効率の良い方法といえる。

【オウミ（糸績み）】

取り出した麻の繊維から糸を作る場合は、始めに繊維を米のとぎ汁で煮て、よく揉んでおく。そうすることで、繊維がしなやかになり、作業が楽になる。繊維を指で細く裂いて、それぞれの糸の先端同士を撚り合わせて繋いでいくと、一本の長い糸になる。この作業をオウミ（糸績み）という。繋いだ糸はオボケ（麻桶）にためておくが、一反の着物を作るためには、オボケ3個分の糸が必要となる。糸は糸車で撚りをかけ、整経した後、高機にかける。これを織ることで麻布となるが、女性にとって、オウミから機織りに至る一連の作業は、雪に閉ざされた農閑期の大切な作業であり、戦前までの東北地方や中部地方の山間地などでは、普通に見られた光景であった。

苧績みのようす〈宮城県栗原市、2011〈平成23〉年撮影〉

【藍染め—正藍染】

完成した織物は藍で染めた。この藍染は、人工的な熱を加えることなく、自然の温度で発酵させたもので、古い藍染の姿を現代に伝えるものである。このような麻と藍の播種、栽培、麻績み、藍建、高機での手織、藍染を一人の人間が一貫して行なう技は、工芸史上、また染色技術の変遷過程を伝えるものとして特に重要であり、それを体得、体現した千葉あやの氏（1889〜1980、旧栗駒町）は、1955（昭和30）年に「冷染《ひやしぞめ》正藍染《しょうあいぞめ》」（後に「正藍染」に改称）の伝承者として重要無形文化財保持者（人間国宝）に認定された。また、その技を引き継いだ現在の生産者は、宮城県無形文化財技術保持者（正藍染）に指定されている。

●農書に見る江戸時代のアサ栽培——福島県奥会津

福島県奥会津地方の南会津町（旧田島町・南郷村・伊南村・舘岩村）や只見町などで作られた麻の一部は、会津西街道（下野街道)を通って栃木県を経由し、各地に出荷された。また、自給用に麻を栽培し、そこから糸をとって着物や蚊帳などを作る事例も見られた。当地奥会津地方は、会津盆地の一部の地域を除けば、気候が冷涼であり、綿作ができなかったので、麻を栽培し、そこから繊維を得ることは重要であった。

【佐瀬与次右衛門の『会津農書』――栽培法、土壌条件】

江戸時代における会津地方の麻の生産の様子は、1684(貞享元)年に幕内村(現・会津若松市)の肝煎、佐瀬与次右衛門によって著された『会津農書』が詳しい。『会津農書』は、国内最古に属する農書の一つで、会津地方における農業の様子や農具の発達過程などを記したものである。上巻・中巻・下巻の3巻からなり、このうちの中巻には藍、麻、小麦、たばこなど36種類の畑作物の栽培方法が紹介されている。なかでも麻は、藍、紅花と並び「三草」の一つに位置付けられていたことから、詳細な記述が見られる。麻の作り方については、以下のように書かれている。

麻作様、山畑、里畑共ニ麻蒔畑ハ二毛取也。春畑ニマキテ其跡ニ菜ヲ蒔ク也。但麻ハ山畑ニ相応セリ。里畑ニハ不宜。早麻ハ寒明テ六十日ニヨシ。是ハ里方ニテ用ル。又三月節三日目、又三月ノ土用十日前ヲ考テ蒔クモ同事。中手麻ハ寒明テ九十日目、晩麻ハ寒明テ百十日目ニマク。蒔様ハ馬糞ヲ散ラシ置テ、新伏ヲ平塊ニウナイ、塊ヲヨ宜シ、中切モ平塊ニ二度計モウナウヘシ。蒔様ハ、フリ糞ヲカケテ種子ヲ入、土ヲ片カケニ平蒔ニスヘシ。又常ノ畦ヲ四ツ計ノ積ニシテ決リ蒔ニスルモヨシ。或ハ半夏苴ト云テ、里ナトニテ蒔ニ半夏前ヲ七日八日カケテ蒔クモアリ。此考ハ、寒明テ百四十日目ニ蒔ト云。畑ヨリ麻ヒクハ日数九十日ニ及シテ引、晩麻ハ七月ノ中分引立也。又ヲウソ伐ト云テ、六月土用明テ十二日目□蹱ニ引立ナリ。

麻壱反取束　中ノ出来廿束。上ノ出来廿五束。

麻壱反作人夫　新伏ニ六人、中切ニ三人、蒔ニ四人、馬糞ニ三十五駄、特運ニ馬六人、下糞ニ二人、莠取ニ四人、引ニ十二人、干ニ九人、丸クニ十二人、都合五十八人。

麻種子　早苴、中午苴、晩苴ト云、種子ニ替ナシ。蒔節ヲ以テ云。種子実ルハ九月ノ中ナリ。蒔テ八日目ニ生ル。

(現代語訳)

麻の作り方。山畑、里畑ともに麻を播く畑は二毛作にする。春畑に麻を播いてその後に菜を播く。しかし、麻はどちらかといえば山畑に適していて、里畑にはよくない。早播きの麻は寒が明けて60日目が播きどきである。これは里方の場合である。また、三月節の3日目、あるいは3月の土用10日前を目標に播く。中生の麻は寒明け後90日目、晩播きの麻は寒明け後110日目に播く。畑に厩肥を散らしておいて、あら伏せしたところを平くれにうない、土塊をよくこなし、中切りも平くれに二度ほどうなうことである。種子は、人糞に灰か籾がらを混ぜた肥料(ふり肥)をかけて播く。土を片側からかけて平播きにする。また、普通のうね幅に四条植えるつもりで播き溝をつけ、さくり播きにしてもよい。あるいは半夏苴といい、里などでは半夏生の7、8日前に播くところもある。これを寒明けから140日目に播くともいう。収穫までの日数は播種後90日前後で、晩播きの麻は7月の中から引き抜く。また、「おおそ伐り」といって、6月土用明け後12日目から間引くように抜き取る。

一反歩の収量。中くらいの出来で20束、上出来では25束。

一反歩の労力。あら伏せに6人、中切りに3人、播くのに4人、厩肥35駄を馬で持ち運ぶのに6人、下肥をまくのに2人、草取り4人、収穫に12人、干すのに9人、束ねるのに12人、合計58人。

品種。早生麻、中生麻、晩生麻があるが、種子に変わりはない。播く時期によって区別する。種子が実るのは9月の中ごろで、播いて8日目に芽生える。

(『日本農書全集19 会津農書 会津農書附録』農文協)

麻の栽培は里畑より山畑のほうが適していること、二毛作とすること、収穫までの日数は播種後90日前後であることなどが記されている。播種の時期は早生、中生、晩播きの3つに分け、耕起、播種、施肥の方法や収穫の時期などに関して詳しく述べている。さらに、1反当たりの収穫量や労働力について、具体的な数字をあげて紹介している。野州麻の生産地(栃木県)と比較すると、播種の時期や収穫期は、早生麻の場合であっても1か月程度遅いが、これは、気温や積雪の影響を受けるからであろう。なお『会津農書』の下巻には、麻に限らず種は梅の花のふくらみ具合を見て播くことを勧めている。文中にある三月節とは梅のつぼみが白くなる時期であり、雪が早く消える年は、三月節の6日前に少し咲きだすという。このように、自然の移ろいをつぶさに観察し、農作業や生活に生かすことは重要であった。また、麻の栽培に適した土質については、以下のように述べている。

野真土畑相当作毛

大麻ヨシ。野真土ハ土軟成ル故ニ長生ヨシ。束数ヲ取増ナリ。本真土ニ作リタル麻ハ剥麻ノ秤目多シ。去レトモ土固クシテ長生不足ナリ。

麻ハ夜寒ク、嵐ノ当ル所ヨシ。故ニ山畑ノ麻ヨシ。里麻ハ、昼夜暖ニテ昼ハ照ニ強ク当リ。長ニ不延、夜ハ虫イキレニ成テ虫喰故ニ、里畑ノ麻ハ悪シ。里モ居屋敷ノ内ニ早麻ヲマケハ少シハヨシ。屋敷ノ内ハ物陰ナリ。蒔ク節モ寒キ時分ナリ。

(現代語訳)

野真土の畑に適する作物

麻がよい。野真土は軟らかいので、麻の育ちがよく、収量も多い。本真土に作った麻は、剝麻にすると目方は多いが、土が硬いので長い麻ができない。

麻は、夜冷え込み、強い風の当たる場所に作るとよい。それゆえに山畑が適している。里の畑は昼も夜も暖かく、昼は強い日に照らされるので丈が高くならない。夜は蒸し暑くなり、虫に食われるので、里畑の麻は品質がよくない。里でも、屋敷内の畑で早生の麻を作ればいくらかましなものができる。屋敷内では物かげの場所がよく、そこへまだ寒い時分に播く。

(『日本農書全集19 会津農書 会津農書附録』1982 農文協)

「野真土」は、岩石が風化してできた肥沃な「野土」と、火山灰土で有機物が少ない「真土」とが混ざりあったものである。『会津農書』によれば、土質としては中位の中に位置づけられ、それよりは上位の「本真土」では、土が硬いので収量は増えるが、長い麻はできない。また、夜に気温が下がる山間部のほうが麻の栽培に適している。これは、現在の生産地においても、よく知られていることである。ただし、「嵐ノ当ル所ヨシ」の部分は疑問が残る。

はかに麻に関する記述としては、一反に必要な種子の量は1斗であること、麻がら1把は3尺縄一しめ(ただし束には大小があり、ゆるく縛ったものときつく縛ったものがある)であることなどが記述されている。

【『会津歌農書』――技術の普及啓蒙】

『会津農書』は、優れた農業指南書ではあるが、当時の一般農民にとっては難解な文章であり、その内容をあまねく伝えることは難しかった。そこで佐瀬与次右衛門は、1704(宝永元)年に『会津歌農書』を著し、『会津農書』の内容を歌で覚えることを説いている。最終的には、1669首の歌を作ることで、農業技術の普及啓蒙を図った。このうち、中之末(『歌農書』では本文を上、中、下に分け、さらにそれぞれを本と末に分け、項目ごとに番号が付されている)には、麻の収穫や麻剝ぎなどに関する歌が記されている。

(二八) 麻量《おばかり》

麻をまくはたけにたつるおばかりハ
細きずはへかすくろがやよし

麻量は麻の種を播き終えた畑に立てる棒である。成長の基準とした。また雷除けともいわれている。「ずはへ(楚《すわえ》)」は木の枝からまっすぐに伸びた小枝、「すくろがや(末黒萱)」は野焼きの後の萱のことであるが、畑に播いた麻も、楚や萱のように細く真っ直ぐに成長してほしいという願いが込められたものであろう。

(二九) 麻引時郷談

七月の中より三日前に麻を
　ろそぎりとて引はじめける
七月の中より後に引麻を
　末なるゆえぞよて伐といふ
時過て花散る比に引麻や
　をばな伐とハ是をいひけり

麻引とは麻の収穫のことをいう。7月中とは処暑(現在の8月23日前後)、「伐」は根と葉を切り落とすことである。麻の収穫期は現在の8月下旬頃であり、処暑を境に「ろそぎり」と「よて伐」の呼称を使い分けている。「ろそぎり(疎伐り)」とは疎抜く(間引く)ことで、丈が短いものや枯れているものなどを抜くことであろう。次に収穫する麻は「よて抜(余手伐《よてかり》)」という。民俗事例からすれば、この頃が収穫の最盛期であったと思われる。9月も過ぎれば、麻は開花し、やがて実を結ぶ。そうした麻を収穫することを「をばな伐(麻花伐)」という。あるいは、花粉の飛散が終わった雄花(雄株)を刈り取るという意味にもとれる。いずれにしても、ここまでに成長した麻は、表皮が硬くなり、良質な繊維を得ることはできない。このような麻は、野州麻の生産地では種取り用とすることが多い。

(三〇) 麻剥行《あさはぎこう》

麻はがバ先一日も日に当て
　一夜ぞ水へ本をひたせよ
根を一夜水につけたる麻を又
　本末共にひたし置なり
ひたしぬる麻の本末能ほどに
　うるほふならバあげて剥べし
麻ひたす水の加減や日づもりも
　なれねバしらぬ功をつきたし

これらの歌は、麻剥ぎの方法を紹介したものである。麻剥ぎに先立ち、茎を水に浸けること、また水から引き上げる時のタイミングが記されているが、その様子は判然とせず、最も重要な水の加減やひたす日数を知るには経験を必要とする。

佐瀬与次右衛門は、ほかに1684(貞享元)年から1709(宝永6)年にかけて『会津農書附録』を著し、農業技術に関する覚書を、老農と農民の対話の形をとることで、わかりやすく紹介している。このうち、八巻には麻の収穫に関する問答が記述されている。

ところで、『会津農書』には、カラムシ(苧麻)に関する記述も見られる。麻とカラムシはよく似た繊維が採れることで知られているが、『会津農書』によれば、両者の違いは、麻が種を播いて育てるのに対し、カラムシは根分けして増やすことにある。また、麻は二毛作が推奨され、収穫後に蕎麦や小豆などほかの作物を作ることができる。しかし、カラムシの畑ではできない。また、害虫を駆除し、発芽を促す目的で火耕(カラムシ焼き)が行なわれる。

カラムシ(沖縄県宮古島市) 2003(平成15)年撮影

奥会津地方のなかでも昭和村は、江戸時代よりカラムシの生産地として知られ、現在も換金作物としてカラムシが生産されている。その生産方法は、カラムシ畑の周囲に麻を育てることで風除けとし、またウセクチ(カラムシの根が弱った部分)に麻の種を播いて育てることで、カラムシの倒伏を防ぐなど、品質の保持に努めてきた。さらに、カラムシ畑と麻畑を適度に入れ替えることで、連作による障害を防ぎ、畑の再生を行なった。このように昭和村では、カラムシと麻は共存の関係にあった。収穫を終えたカラムシは、麻と同様に茎から表皮を剥ぎ取り、糸に加工されるが、カラムシは自家で着る余所行きのものを除いて、そのほとんどが「青苧」として出荷されるのに対して、麻は仕事着、蚊帳、紐など日常生活のなかで用いられた。

【『伊南古町組風俗帳』――麻干し、麻剥ぎ】

ほかに、麻の生産方法を記録した古文書として、『伊南古町組風俗帳』がある。1685(貞享2)年の伊南地方(現・南会津町)の風俗を藩主保科正之の命により集落ごとに記したものであるが、この文書には、当時の麻干しや麻剥ぎの方法が詳しく書かれている。

麻切干始末之事　夏土用過十五、六日目之比より麻切時ニ罷成候、男女共ニ畠へ罷出、男ハ切、女ハ善悪をゑりわけ能麻をハ其まゝニ而干シ是を白干シと申候、悪敷麻をハ麻畠或ハ川原なとニ而火を焼あぶり候て後干シ申候、是をあふりそと申候、朝ニ干シ昼ハかへし夕ハ仕舞、日数六日、七日計宛干シ大方ニ干申候へハ先家之内へ入れ置、又取出シ水ニ而洗、或ハ湯をかけ二度、三度洗干シ色を白く仕候、是を麻干始末と申候

(現代語訳)

収穫は、夏土用入りの15、16日目の頃(8月上旬)より始める。男性は麻切り、女性は麻の選別を行なう。良い麻はそのまま干し(白干し)、悪い麻は川原や畑に運び、火であぶってから干す。朝に干し、昼にひっくり返して、夜は取り込む。こうしたことを6日か7日ほど繰り返した後、家の中に取り込み、さらに水で洗うか、湯をかけてから2、3回干すと色が白くなる。

南会津町の奥会津博物館(旧田島町)や同博物館・南郷館(旧南郷村)では、この記述を裏付ける資料を見ることができる。これらの博物館には、麻を湯にひたすためのアサフカシオケ(麻ふかし桶)とアサフカシガマ(麻ふかし釜)が収蔵され、「鉄砲釜(註:麻ふかし桶のことか)の風呂を沸かした状態のところに干した麻を入れて取りだし、さらに天日に干すと色つやの良い丈夫な麻になる」(『南郷村の文化財(7)』南郷村教育委員会)。また、奥会津博物館にはオオブネと呼ばれる道具が見られ、これをツバガマの中に立てかけることで、効率よく湯を麻にかけることができた。また、同南郷館には、アサムシブネ(麻むし舟)と呼ばれる舟状の用具が見られ、「舟の中に干した麻を並べ、その上から熱湯を何回も流して後、再び天日で干すと麻は白く丈夫になる」(前掲書)。収穫した麻に熱湯をかけるためには、特別な用具を必要とし、手間がかかることから、自給用に麻を生産する地域では見ることができない。しかし、色を白くし(色艶をよくし)、繊維を強くするなどの効果があるため、奥会津地方をはじめ、栃木県や群馬県などでは広く行なわれていた。

また、『伊南古町組風俗帳』では、麻剥ぎについては、次のように書かれている。

麻付けはぎの事、成程能ク干色白く成候時水にひたし四夜、五夜ほと置はぎ候而、一夜も水にひたし板へのせ、かなごと申物ニ而ひき申候、是を麻のつけはきと申候

程よく白くなった麻を、4、5晩ほど水に浸してから、板に載せ、「かなご」と呼ぶ道具で引いていた。文中に書かれた「板」や「かなご」と呼ばれる用具もまた、オヒキイタ(麻引き台・苧引き板)やカナゴという名称で、南会津町や只見町など奥会津地方の博物館や資料館等に収蔵されており、このうち、奥会津博物館が収蔵する麻に関係する用具の一部は

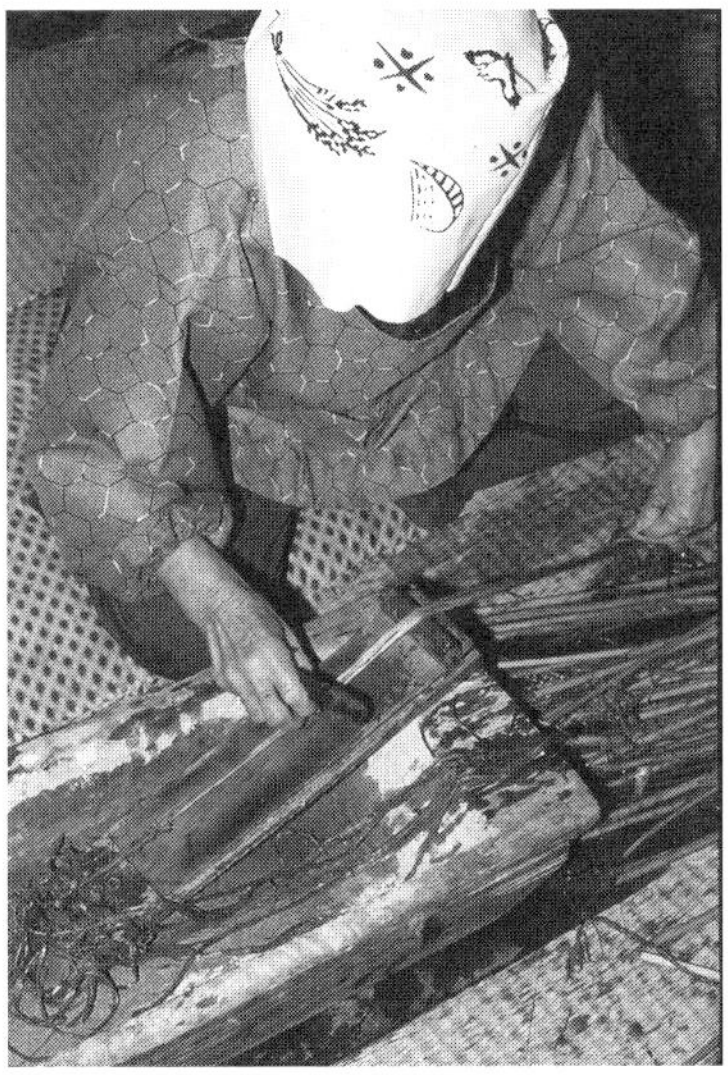
苧ひきのようす(写真:新国勇)

「奥会津の山村生活用具及び民家」として、また只見町が所蔵する資料の一部は「会津只見の生活用具と仕事着コレクション」として、ともに国の重要有形民俗文化財に指定されている。

なお、奥会津地方で生産された麻は、茎から繊維を取り出した後、さらに麻績み、機織り、布さらしなどの工程を経て、その布地は「伊北《いほう》麻」として出荷された。なかでも雪の上で布をさらす「布さらし」の工程を行なうことで、繊維の質が高まり、伊北麻は江戸や京都などで名声を博した。

●上質な糸を生み出す岩島麻——群馬県

【岩島麻の現状と歴史】

群馬県では東吾妻町（旧吾妻町岩島）を中心とした榛名山の北麓一帯や群馬県西部の甘楽郡などで麻が作られていた。現在は岩島麻保存会が麻の生産を行なっており、岩島麻として出荷されている。２０１３（平成25）年の厚生労働省の資料によれば、麻の栽培面積は約27ａ、繊維採取量は約17kgである。

群馬県における麻の起源は定かではないが、7世紀後半から8世紀にかけて成立した『万葉集』（巻十四・東歌）には、以下の歌が収められている。

可美都氣努　安蘇能麻素武良　可伎武太伎　奴礼杼安加奴乎
安杼加安我世牟（３４０４）

（訓読）

上毛野　安蘇の真麻屯　かき抱き　寝れど飽かぬを　あどか吾がせむ（鹿持雅澄『万葉集古義』１８４４）

愛しき女性を慕う相聞（恋歌）であり、女性を抱きかかえたいという想いを麻の収穫の場面を回想することで表現している。舞台の一つと考えられている富岡市阿蘇が丘の地には、この歌を刻んだ句碑が建てられており、また、現在も収穫した麻を束ねるときに、この歌を彷彿とさせる光景を見ることができる。

江戸時代に編纂された『和漢三才図会』の「麻」の項目には「上州之白苧」の名が見え、少なくとも１８０４（文化２）年は、現東吾妻町岩下の片貝家が、渋川、高崎などを経由して江戸に麻を出荷していた。あるいは鳥居峠を越えて、北国街道を経由し、越後、越中、加賀方面に運ばれていた。岩島地方で生産された麻は「上州北麻」と呼ばれていたが、その一部は栃木の問屋を経由して出荷されたことから、野州麻の一部として流通したことも

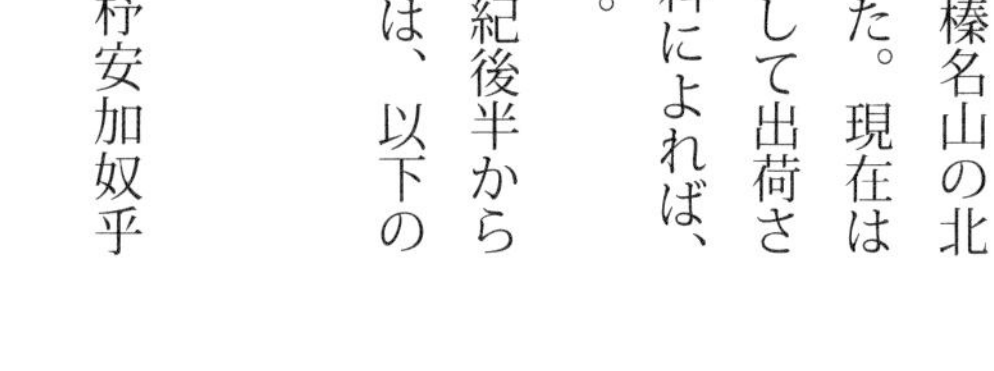

麻の収穫のようす（栃木県鹿沼市）

あったという。そうした状況から脱却するために、1904(明治37)年には「吾妻麻信用購買組合」が結成され、岩島地区においても、麻の品質管理や販売事業に着手するようになった。

1923(大正12)年に書かれた『大麻栽培ノ方法』によれば、最上級の「吾妻錦」は織物の原料として富山、石川、奈良県へ、また弓弦用として東京へ、さらには漁網や釣糸の原料として三重、静岡、愛媛県などへ出荷された。なかでも織物の産地との繋がりは深く、奈良県の奈良晒、滋賀県の近江上布、富山県や石川県の手紡糸の大半は群馬県産の麻が使用されていた。その流れは現在も続いており、この地域で生産された麻は、神社庁のほか、奈良晒や近江上布の原料として奈良県や滋賀県などに出荷されている。なお、岩島麻保存会が行なう「岩島の麻栽培と精麻生産」は、1992(平成4)年に群馬県選定保存技術となった。

群馬県では、そのほとんどを換金作物として生産していた。糸にする前の段階、すなわち精麻として出荷する点や生産用具については、野州麻の生産地(栃木県)と近いものがあるが、野州麻が下駄の鼻緒の芯縄、漁網、綱などに加工されたのに対し、岩島麻は、織物や弓弦の用途が大きな部分を占めていた。そのために生産方法には若干の違いが見られる。以下、岩島麻の生産の様子を紹介する。

【岩島麻の生産】

岩島麻の生産地には「1から、2ねど、3ひき」という言葉がある。よい麻を生産するためには、まず畑作りを十分に行ない良い生麻を作ること、次に麻を発酵させる場である「ねど」の温度管理に気を配ること、そして麻引きの技術を磨くことである。最終的には、色や光沢に優れ、かつ強靭な繊維の精麻を作ることを目標とした。

○栽培からアサニ(麻煮)まで

畑は冬の間に何回か耕しておき、4月上旬頃に一度平らにならしてから畝を立てる。種は、その畝間に播いた。播種日は4月8日に行なわれる寄合のなかで決めたが、「岩島のおまき桜」が咲く頃が一つの目安となった。かつては手で播いていたが、現在は専用の種播き機械を使用している。種は一週間ほどすると発芽する。丈が10㎝ぐらいになったら間引きと中耕を行ない、丈が30㎝ぐらいになった時に2回目の間引きを行なう。収穫はアサコギ(麻扱ぎ)といい、7月下旬から8月上旬にかけての晴天の日に行なう。この頃までには、麻の丈は250㎝ほどになっている。これを根ごと引き抜き、根本を交互に積み重ね、麻の丈や茎の太さによって、屑麻、短麻、太麻、中麻、長麻の5種類に区別して収穫する。畑の周囲で育てた麻は、種取り用として収穫せずに残しておく。

収穫した麻は、アサキリガマ(麻切鎌)で根と葉を切り落とし、押し切りで既定の長さに切り揃えてから直径30㎝ほどの束にまとめ、その日のうちに2〜3分ほど湯にひたす。この工程をアサニ(麻煮)という。麻煮は繊維を丈夫にし、茎についた害虫を殺すために行なうものとされ、アサニガマ(麻煮釜)で桶の中の湯を沸騰させ、まず根元を、次に葉先のほう(スエ)を入れて、それぞれ2〜3分ほど湯に浸ける。そして、1週間から10日ほど天日で干し、干し上がった麻は、アゲユ(上げ湯)と称して再度煮た後に天日で干す。これは黴を防ぐために行なうものとされる。

○麻剥ぎ

屋内の乾燥した場所に保管した後、時期が来たらネド(寝場)で1日に1〜2回ほどミズヒタシ(水浸し)を行なう。水を張ったキブネ(木舟)もしくはオブネ(麻漕)と呼ばれる用具に麻を入れるもので、十分に水を含ませた後は、ネドで数日間保管する。ネドは土蔵や小屋の類で、床には大麦のワラが敷かれ、寒い時期は火鉢やコンロを入れるなど温湿度を管理した。また水やワラをまいて麻の発酵を促した。これらの管理を行なう人はネドバン(寝場番)と呼ばれ、主に女性が行なった。十分に発酵したらネドから出して皮を剥ぐ。これも女性の仕事であった。そして、専用の台に麻の皮を載せ、オカキ(麻掻き)と呼ばれる用具でカスを取り除く。これは主に男性が行なった。麻掻きは桐の木で作った台の先に、幅10㎝ほどの刃をつけたもので、岩島麻の生産地にしか見られない用具である。カスを取り除いた麻は精麻と呼ばれ、数日間陰干ししてから出荷される。

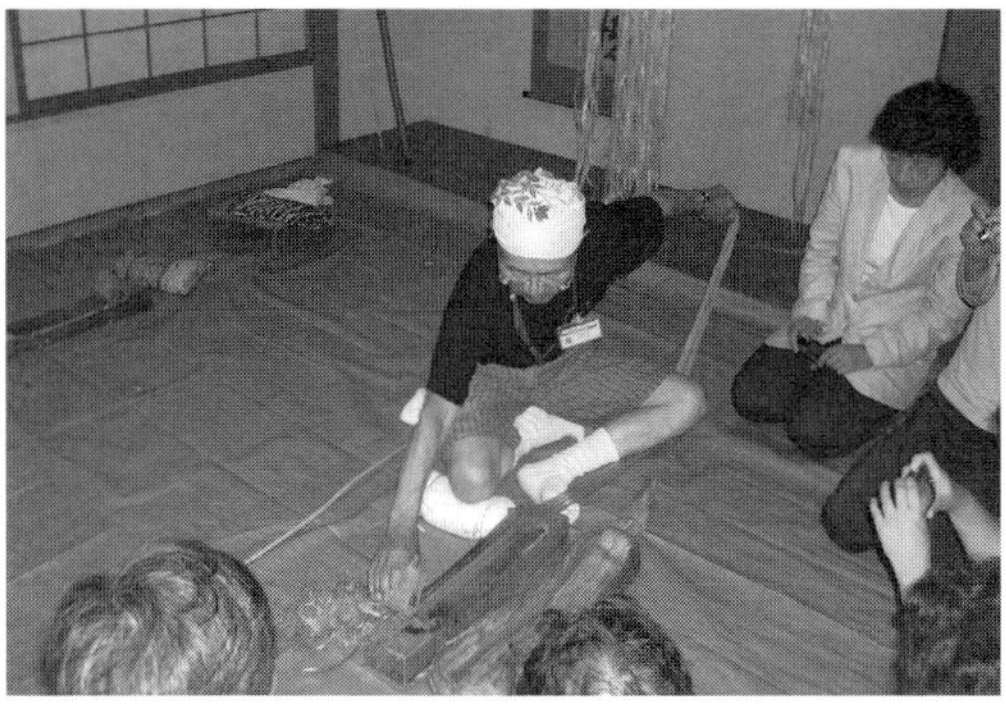

麻引きのようす(群馬県東吾妻町) 2009(平成21)年撮影

●『和漢三才図会』に登場する甲州の白苧——山梨県

1712(正徳2)年に刊行された『和漢三才図会』によれば、甲州で作られた白苧《しろそ》は江戸に出荷された。今日、その様子を確認することは難しいが、甲府市北部の黒平町では、アサを栽培して布を織り、着物や足袋を作っていた。また、同市左右口町、北杜市、富士河口湖町などでも自給用にアサが栽培された。しかし、いずれの地域も昭和時代初期頃までにはアサの栽培は見られなくなった。そして、繊維の素材は、麻から木綿や絹に移行した。

富士吉田市新屋では、アサは「苧」といい、戦前まで作られていた。収穫したアサは皮を剥いて、お飾り、背負子の負い紐の芯、草履の鼻緒、荷縄等に加工した。また、果実はオタネ味噌にして食べた。同市下吉田の小室浅間神社では、十五日正月の未明に筒粥神事を行なうが、その際に大麦、小麦、稲など18種類の作物とともに、その年のアサの作況が占われる。同市上吉田では、自家用程度は作っていたが、富士講（長谷川角行を祖とする富士山信仰で、講社の仲間と角行ゆかりの地を巡る）の道者が持ってきたので、地域の需要は満たしていたという。

●丈夫な糸を目指して　信州のアサ作り――長野県

【山中麻、信州麻、木曽麻の産地の特徴】

長野市（旧鬼無里《きなさ》村）、大町市（旧美麻村）、木曽町（旧開田村）などで生産された麻は、旧鬼無里村周辺は「山中麻」、旧美麻村周辺は「信州麻」、旧開田村周辺は「木曽麻」の銘柄で各地に出荷された。また、野沢温泉村一帯でも麻が生産されていた。温泉の泉源地の一つであり、また観光地としてもよく知られている麻釜《おがま》は、麻を煮る場所であったことが名前の由来とされる。ここでは90℃近い湯が噴き出しているが、現在は麻の代わりに、山菜や野沢菜の下拵えやアケビ蔓の加工などに利用されている。

観光スポットにもなっている源泉の一つ「麻釜」（写真：野沢温泉村観光協会）

傾斜地で砂礫層からなるこれらの地域は、米の生産には適していなかったことから、それに代わる作物として麻が作られるようになった。また、周囲を山で囲まれていることから風の影響を受けにくく、冷涼な気候は良質な麻の生産を容易なものとした。さらに、麻を加工することで作られた精麻や畳糸、麻織物などは、いずれも軽量で、保存可能な製品であり、山間地が抱える輸送手段や運送費に関する問題も克服することができた。

【畳糸「氷糸」――旧鬼無里村】

このうち鬼無里では、文禄年間（１５９３～96）頃より麻の栽培が始まり、「青金引麻」の銘柄で善光寺町や松代城下（現・長野市）、江戸などに販売されていた。その後、明和年間（１７６４～72）に吉郎右衛門が江戸で麻糸を畳糸に加工する技術を覚えると、畳糸がこの地区の特産品となった。鬼無里の畳糸は強度があり、かつ滑らかで美しい糸で知られていたが、１８６８（明治元）年には、麻を氷点下の雪の上で晒す「寒晒し」が考案されると、さらに白くて光沢のある優れた畳糸が作られるようになった。当時、鬼無里に住む農家のほとんどが麻を生産し、「氷糸」の名で流通した畳糸は、高値で取引されていた。

【木曽の麻衣――旧開田村】

一方、美麻など長野県の中信地域では、少なくとも慶安年間（１６４８～52）には麻の栽培が始まり、寛文年間（１６５５～72）の頃には、麻を領主に上納していた。開田では、さらに古く、鎌倉時代にまで遡ると考えられている。木曽の麻織物は「木曽の麻衣」として寂連法師、順徳院などによって歌われ、『新勅撰和歌集』（1232年）、『続拾遺集（1279年）』などに収められている。

木賊《とくさ》刈る　木曽の麻衣　袖ぬれて　みかかぬ露も　玉とちりけり

寂連法師（新勅撰和歌集 巻十九 雑）

更科の　山のあらしも　声すみて　木曽の麻衣　月にうつなり

順徳院（続拾遺集 巻五 秋下）

これらの歌は、木曽の麻衣の名声が中央にまで及んでいたことを示すものである。また、1757（宝暦7）年に刊行された『吉蘇志略』や天保年間（1831〜45）に書かれた『木曽巡行記』などにも、麻織物に関する記述が見られ、1834（天保5）年の『信濃奇勝録』には、「麻衣は木曽の名におひて、奥山里は男女ともに常着となす。故に麻を作る事多し。木曽は旧麻より出たる名にや、今も里語に、麻の皮剥がざるを木そといふ。」と書かれている。麻織物は主に自家用に織られたほか、福島（現・木曽町福島）の問屋に売買された。

【遠州浜松の凧糸の原料】

一方、浜松の問屋が買い上げた麻は、形原（現・愛知県蒲郡市形原）の人たちの手で、凧糸に加工された。浜松では江戸時代の頃より、子どもの健やかな成長を願って、端午の節句に大凧を揚げる風習があり、多くの凧糸を必要としていた。その後、形原では凧糸作りの技術を生かして、縄や綱、漁網なども作られるようになり、明治時代になると製綱産業が盛んな地域として広く知られるようになる。当初、形原では、距離的に近く、また強靭な繊維がとれる長野県産の麻を使用していた。

長野県では、麻の品質の向上を実現するために、栃木県から白木種（青木種とも呼ばれる）の種を購入し、また、1886（明治18）年には栃木県の都賀郡から技術者を招聘して、麻の栽培・製造に関する講習会を開催した。その結果、1935（昭和10）年の長野県の麻の生産量は、栃木県、広島県に次いで全国3位となり、第二次世界大戦にかけて生産量は飛躍的に増大する。しかし、戦後は、麻の栽培は許可制となり、

麻煮のようす（写真：長野地方振興事務所、協力：NPO法人信州麻プロジェクト）

麻引きのようす（写真：長野地方振興事務所、協力：NPO法人信州麻プロジェクト）

また生活様式の変化に加え、化学繊維の普及などによって、麻の需要は大きく落ち込み、麻の生産は、鬼無里では昭和40年代の前半に、美麻では昭和50年代前半に途絶えてしまう。しかし、地域の麻に対する思いは深く、また地域の文化を次の世代に継承する取り組みとして、美麻では麻の生産を復活させた。また鬼無里では、信州麻プロジェクトが中心となり、栃木県から麻の茎を取り寄せ、畳糸を作る体験講座を実施している。

【栽培方法】

長野県における麻の生産方法は、地域によって多少の違いは見られるが、概ね以下のとおりである。麻の播種は4月下旬頃に行なう。鬼無里では「おまきざくらに こえこぶし」という口伝があり、こぶしの花が咲く頃に肥をまき、桜の花が咲く頃に麻の種を播いた。また、開田では八十八夜の日までには播かなければならないと伝えられている。種は家の近くの最もよい畑に播いた。麻の茎が太くなると、糸にした時に堅くて績み難くなるので、ある程度密に播いた。また、生長が悪いものや風で折れたり、曲がったりしたものなどからも良質な繊維は採れない。そのため、こうした麻は除草を兼ねて間引いた。収穫は8月中旬から下旬にかけての天気のよい日に行なう。根ごと引き抜き、根は押し切りで、葉や枝は鎌で削ぎ落として茎だけの状態にしてから天日で乾燥させた。昼間は十分に日光が当たるように薄く畑に並べておき、夕方には軒下に取り込んだ。鬼無里では、夕方になると直径20cmぐらいの束にまとめて立てておき、その上に菰《こも》などを被せておいた。そして、翌朝に再び畑に並べた。麻は乾燥することで白くなる。しかし、雨露に当たると、黒い斑点が生じ、繊維が弱くなるので、収穫後の麻の管理は重要であった。このような作業は4～5日ほど繰り返した。

十分に乾燥させた麻は、雨の当たらない天井裏や納屋などに保管しておく。

【鬼無里――オニ（麻煮）】

鬼無里では、秋になると麻の茎から皮を剥ぐためにオニ（麻煮）と呼ばれる作業を行なう。アサガマ（麻釜）で湯を沸かし、高さ2m近くある桶の中に麻束を入れ、そのまま2時間程度煮沸する。その際に、楢《なら》や椚《くぬぎ》から作った木灰や苛性ソーダを入れた。麻煮は先とモトの両方行ない、皮が剥ける状態になったら桶から麻を取り出して、水に浸け、温度が下がったら手で皮を剥ぎ取った。これは主に男性の仕事であった。剥いだ皮は檜《ひのき》で作ったオカキダイ(麻掻き台)に載せ、オカキノコ(麻掻きの子)と呼ばれる金具で表皮など余分なカスを取り除いた。このような麻の加工方法は全国的にも珍しく、数時間もあれば麻の茎から良質な繊維を取り出すことができる。しかも、ほかの方法に比べ、繊維に対する損傷を最小限に抑えることができるので、強靭な繊維を得ることができた。

【開田――浸水発酵後に麻剥ぎ】

一方、開田では、水を張ったナシヤブネと呼ばれる木製の槽に乾燥した麻の束を入れ、十分に水にひたしてから積み重ねて置いた。そして、皮が発酵してきたら、茎の真ん中を2つに折り、引っ張ることで皮を剥ぎ取った。皮は2晩ほど水にひたしておき、表皮などが浮いてきたら取り出して、オカキノコで余分なカスを取り除いた。これは、現在の栃木県や群馬県で行なわれている加工方法とほぼ同じものであるが、栃木県の技師による技術講習会の影響を受けたものなのかも知れない。この方法を用いることで、色や艶に優れ、しなやかな繊維を取り出すことができる。ただし、鬼無里の麻よりは強靭さに欠ける。美麻では鬼無里と開田、それぞれの地域で行なわれていた方法を併用し、前者は「山中麻」、後者は「小白」、「大白」などの銘柄で出荷された。

いずれの地域においても、取り出した繊維は竿にかけて陰干しとする。これを束ねて出荷する地域もあるが、鬼無里ではその多くを畳糸に加工し、開田では麻布に織り上げてから出荷した。なお、それぞれの地域で使用された麻の生産用具や製品は、鬼無里ふるさと資料館、大町市麻の館、開田郷土館など各地域の博物館や展示施設で見ることができる。

●栃木県に次ぐアサの生産地――岐阜県

【栽培利用の歴史】

長野県と同様に周囲を山で囲まれた岐阜県は、岐阜市一帯の平野部を除くほぼ全域で麻が生産されていた。麻に関する伝承も飛騨地域や西濃地域の山間部を中心に数多く見られる。2013(平成25)年の厚生労働省の資料によれば、麻の生産者は4名、栽培面積は33・8aであり、いずれも栃木県に次ぐ生産規模を有する。岐阜県における麻の生産は、江戸時代初期から中期にかけて、綿の生産の普及とともに平野部に近い地域から見られなくなったが、山間地の一部地域では戦後になっても普通に麻を生産し、衣類や袋に加工するなど、生活のなかで麻を利用していた。

【オガラ(麻殻)の松明――神戸の火祭り】

現在は、揖斐川《いびがわ》の中流域にある神戸町《ごうどちょう》で麻殻《おがら》の採取を目的に麻の生産が行なわれている。麻殻とは麻の茎の表皮を取り去った後に残る芯の部分で、建築用材などに使用されてきた。また、麻殻を蒸し焼きにすることでできる炭は懐炉灰の原料とな

神戸山王祭りのようす。麻幹の松明が神輿を囲んでいる
(写真:神戸町、協力:日吉神社)

り、現在は花火の助燃剤としても欠かせない。さらに盆をはじめとする年中行事や祭礼、人生儀礼の主役として利用された。

神戸町で作られた麻幹は、例年5月3日、4日に行なわれる「神戸山王まつり」の中で使用される。この祭礼は、数多くの行事・儀式から成り立っているが、その中心は山王七社の七基の神輿の渡御《とぎょ》である。なかでも4日の午前0時から行なわれる「朝渡り」は、麻幹の松明に火をつけて、神社から御旅所に神輿を奉安するもので、この祭礼の一番の見所となっている。この祭礼は、「神戸の火祭り」とも言われ、岐阜県の重要無形民俗文化財に指定されている。こうした火祭りは全国各地で見ることができ、なかでも長野県野沢温泉村の「野沢温泉の道祖神祭り」(国指定無形民俗文化財)、奈良県生駒市の「往馬《いこま》坐《にいます》伊古麻都比古《いこまつひこ》神社《じんじゃ》)の火祭り」(奈良県指定無形民俗文化財)、愛媛県八幡浜市の「五反田の柱祭り」(愛媛県指定無形民俗文化財)などがよく知られている。

【麻蒸し——旧徳山村など揖斐川流域】

かつては揖斐川流域の揖斐川町(旧徳山村や旧春日村)などでも麻の生産が行なわれていた。このうち、徳山民俗資料収蔵庫に保管されている麻の生産用具の一部は「徳山の山村生活用具」として国の重要有形民俗文化財に指定されている。当地では、春彼岸のころに麻の種を播き、8月に収穫した。麻は、一本一本根から引き抜き、押し切りで根を切り落とし、長さ60㎝ほどの竹を割って作られたアサノハオトシ(麻の葉落とし)を用いて余分な葉を削ぎ落とす。茎だけの状態となった麻は、オオガマ(大釜)とムシオケ(蒸桶)で蒸し上げる。オオガマは直径90㎝、高さ約45㎝の鉄製の釜、ムシオケは直径、高さともに1mほどの桶で、麻を蒸す時は、川原や庭先に釜場を築いてオオガマを据え、その中に水と半分に折った麻を入れ、ムシオケをさかさまにして釜に被せた。火を炊いて蒸気を出すことで、麻を蒸すものであり、釜の縁は蒸気が出ないようにツキノワをはめ、さらには莚を巻くこともあった。このオオガマは地域(組)が所有し、麻蒸しは共同で行なった。また、麻だけではなく、楮《こうぞ》を蒸す時や味噌豆を煮る時などにも使用された。

【桶を使用——茎を折らずに蒸す】

地域によっては、麻の茎は折らずに蒸した。その場合は、高さが2~3mに及ぶ桶が使用された。こうした桶は、先に紹介した青森県立郷土館(青森市)をはじめ、宮古市北上山地民俗資料館（岩手県宮古市）、朽木郷土資料館（滋賀県高島市）、石川県立白山ろく民俗資料館（石川県白山市）、広島市郷土資料館（広島市）、四国村（高松市）、宮崎県総合博物館（宮崎市）など全国各地の博物館施設で見ることができ、その多くは麻だけではなく、楮や三椏《みつまた》などを蒸す時にも使用された。岐阜県郡上市（旧白鳥町）でも高さが3mに及ぶ桶が使用されたが、その場合は、何軒かの農家が集まって天秤を組み、テコの原理を利用して桶を操った。麻蒸しに要する時間は、半日から1日ほどである。麻が蒸し上がり、皮が剥けるようになったら川にひたして麻を冷やしてから、茎が湿っているうちに皮を剥いだ。

【積上げ自然発酵後に麻剥ぎ――旧谷汲村・根尾村】

揖斐川町（旧谷汲村）や本巣市（旧根尾村）など西濃地域の山間部では、麻の皮は溜池に沈めてから剥いだ。これは、現在の宮城県で行なわれているものと同じ方法である。また、飛騨市（旧神岡町）では、夏の暑い時期に敷き詰めた草の上に麻の茎を並べ、その上に草や麦殻を積み上げた。5～7日ほど放置すると麻が自然発酵し、皮が剥ける状態になる。このように、桶や釜など特別な用具がなくても、麻の加工は可能であり、桶や釜が普及する以前の麻の加工方法として注目される。

【タクル――麻引き】

いずれの地域も、剥いだ皮は竿などにかけて干しておき、束にした状態で保管しておく。その後、雨の日など外で農作業ができない時に皮を水にひたし、地域によっては灰汁で煮てから板の上に皮を載せ、金具でカスをしごき取った。旧徳山村ではこの作業をタクルという。したがって、その板をオタクリイタ、金具をオタクリガネと呼ぶ。オタクリガネは宮城県、福島県、長野県など東日本各地で使われていた金具と同様に、長方形や台形状の刃に木製の台をつけたものである。

カスを取った皮は、冬季に川の中や雪の上で晒してから、手で績んで糸にした。囲炉裏端で、灰を手に含ませながら績んだという。糸車で撚りをかけ、その糸を機にかけて織ることで麻の反物となる。そこから衣類や袋、敷布、風呂敷などが作られた。こうした機織技術は「機ノ道知ラント、極楽マイリガデキン」（『春日村史 下巻』）ともいわれ、母親から娘へと伝えられた。また、高山市では麻糸を蓑（バンドリ）に編み込んだ。いずれも、冬季の農閑期の重要な生業であった。

●良質な上布を生み出す近江のアサ――滋賀県

【琵琶湖東岸の高宮布・近江上布、蚊帳】

琵琶湖東岸の湖東地方は、近江麻布の生産地として知られている。その起源は中世にまで遡り、近世になると近江商人の手で全国に流通した。なかでも彦根市高宮一帯で生産された高宮布は彦根藩の保護を受けたこともあり、名声を博した。原料は、麻糸、もしくはカラムシの糸で、このうち経糸は地元産の麻（地麻）、緯糸は他所産の麻を使用した。艶は悪いが強靭な地元産の麻と、艶は良いが繊維の強度が脆弱な他地域産の麻を使い分けたもので、地麻の経糸は、多賀町内の久徳《きゅうとく》、多賀、敏満寺《びんまんじ》、甲良《こうら》など湖東平野東岸の山手の地域が生産地であった。

これに対して、他地域産の麻による緯糸は、原料の大半を現在の群馬県から、ほかに栃木県、富山県、石川県などから仕入れていた。これらの麻は綛屋《かせや》（主に綛糸を扱う業者）や元仕入屋が買い取って麻糸とし、その糸を仕入れた仕入屋が農家に賃織りに出して、麻布に織りあげた。当時、この地域では、農家の娘が嫁ぐ時は織機を持って行く風習があり、機織りは若嫁の仕事とされた。江戸時代中期になると縞や絣の技法が開発され、その流れをくむ近江上布は、1977（昭和52）年に経済産業大臣指定の伝統的工芸品となった。今日、近江上布の生平《きびら》は、緯糸に手績みの麻糸、経糸に苧麻（ラミー）の紡績糸を用いて、イザリ機で織ることなどが条件となっている。

一方、現在の近江八幡市や長浜市では、江戸時代初期頃より蚊帳が生産され、八幡蚊帳、近江浜蚊帳の銘柄で販売された。当初は地元の麻を使用し、賃機で生産が行なわれていたが、江戸時代中期になると、京都の問屋との取引が行なわれるようになり、地元の麻だけではまかなえなくなった。そのため、現在の福井県から麻を買い入れて生産するようになる。

【琵琶湖西岸旧朽木村（現・高島市）での麻の栽培と利用】

琵琶湖西岸の高島市などでは、戦前まで自給用に麻を作り、麻布を織っていた。1974（昭和49）年に発刊された『朽木村史』によれば、「この地域では、麻布を単にヌノという。どこの家でも手入れがよく行き届くようにと、麻畑は家の近くのよい畑を選んで、一畝半（約1・5a）くらいは作った。畑の足りない家では荒地を切り開いて、少しずつ麻畑を増やしていくようにした」。

麻を蒸すようす（滋賀県高島市）（写真：高島市教育委員会）

種は春の土用に播き、夏の土用明けに収穫した。収穫した麻は、根と葉を切り落とし、茎だけの状態にしてから川筋など水の便利の良い所に外竈を用意して、アサムシオケ（麻蒸桶）で蒸した。桶には丈が7尺（約2・1m）の長桶と丈が4尺（約1・2m）ほどの短桶があり、長桶では茎の枝が少なく丈が長いオナゴソ（女苧）を、短桶では育ちが悪く丈が短いオトコソ（男苧）を蒸した。このうち女苧は女性が織物に、男苧は男性が撚って紐にした。麻蒸しは女性のユイ（結）ですることが多く、蒸し終わると皆で皮を剥いだ。

○アサコギ（麻扱ぎ）

剥いだ皮は、家の軒先などに干しておく。その後、皮を灰汁で煮てから川に運び、流水の中で皮についた余分なカスを取り除いた。この作業をアサコギ（麻扱ぎ）という。その際に、篠竹を掌に入るくらいの大きさに折り曲げて作ったオコギ、コギバサミなどと呼ばれる道具を使う。自家製の用具で、作業の前に各自が持ちやすい大きさのものを作っておく。竹と竹との間に麻の皮を挟んで擦りあわせることで、カスを取り除くもので、東日本に見られるオヒキガネ、ヒキゴに相当する。しかし、滋賀県をはじめとする広島県、島根県、宮崎県など西日本一帯ではオコギの使用が広く見られ、麻の加工方法は滋賀県を境に大きく変化する。

麻を扱ぐようす（滋賀県高島市）（写真：高島市教育委員会）

○山着・雪袴・帷子・上着やズボン

カスを取り除いた麻は、丸く束ねてオボケ（苧桶）に保管しておき、冬の農閑期に糸を紡いで、布に織り上げた。1反の布を織り上げるのに4日は要したという。麻布からは山着や雪袴を作った。これらは、丈夫で吸水性に富むことが特徴で重宝された。また、帷子《かたびら》と呼ばれる夏の普段着も作った。戦時中は洋服の上着やズボンも作られた。祭礼に着る布は、何年にもわたり雪晒しを行なうことで、絹のような風合いに仕上げた。

●日本海の麻織物文化――京都府、北陸三県、新潟県、山形県

【京都府――漁網、釣糸、裂き織の経糸、蚊帳、蒸し器の敷布、袋】

京都府の丹後半島の海岸部では山が海に迫っていたので耕作地に恵まれず、山間部では高冷地のため、綿花を栽培することは難しかった。そのために、大正時代初期頃まで繊維の素材は、山野に自生するフジやシナ、あるいは栽培によって得られるアサに依存していた。また、内陸部の船井郡や京都市北部の旧桑田郡などでも、自家用にアサを栽培し、そこから糸を取って、漁網、釣糸、裂き織の経糸、蚊帳、蒸し器の敷布、袋などを作っていた。京都府立丹後郷土資料館が発行した『丹後の紡織Ⅰ』によれば、舞鶴市田井では、麻は「オ」と呼び、春に集落の背後の谷あいの畑に播いた。収穫は盆頃で、茎を抜き、根を切り離して、畑に並べて干しておいた。葉が枯れたら、それを落として、直径15㎝位の束にしたものを川に浸け、干上がらないように石で押さえた。1週間ほどすると表皮がヌルヌルになるので、そうしたら川から上げて、木槌で叩いて皮を剥いた。それを竹竿にかけて、陰干しとし、その後、木灰の入った鍋で皮を煮た。外側のオニガワが取れそうになったら鍋からあげて、それを流

れ川に流しながら、シノベ竹2本を連結したコイバシでしごいた。するとオニガワがとれて白いオが残る。一方、同市字大丹生や宮津市字小田宿野などでは、収穫したアサは蒸し桶に入れて蒸しあげた。また、舞鶴市字白杉では、常設の石製のムシガマでアサを蒸した。

これらの地域では、冬になると囲炉裏の傍で、女性たちが灰をつけながら苧をひねり、糸車で苧に撚りをかけ、地機で麻布を織った。オで作ったものはヌノ(布)と呼び、生活の中に深く浸透したが、大正時代になると、舞鶴から購入した木綿糸や紡績糸を用いてシマモン(木綿縞)を織るようになり、さらに時代が進むと既製品を購入するようになったので、アサを作ることはなくなった。一方、伊根町字亀島など漁業に特化した地域では、漁網や釣糸の原料となる麻糸を但馬や丹波方面から来た「オウリサン(苧売りさん)」から購入した。このうち、丹後地方(京都府北部)の山間部の苧は「ヤマガソ」、但馬地方(兵庫県北部)の苧は「タジマソ」の名前で販売されていた。

【福井県】

福井県もアサの生産が盛んな地域の一つであった。1935(昭和10)年の農林省の統計によれば、福井県のアサの作付面積は100町(約100ha)、収穫量は約3万5000貫(約130t)と全国10位であり、当時の日本海側では最大の収穫量を誇っていた。なかでも今立郡、足羽郡、吉田郡が生産の中心で、このうち今立郡で生産されたアサは主に蚊帳、足羽郡や吉田郡で生産されたアサは麻布の原料となった。江戸時代末期には、近江蚊帳の原料供給地として、府中(現在の武生市)や粟田郡の仲買人が、近江(現在の滋賀県)に麻を販売していたが、明治時代になると、県内でも蚊帳が生産されるようになり、その後全国有数の生産地にまで成長した。生地は福井一帯で生産されたアサを加工したもので、不足分は、栃木県や群馬県から購入していた。

その一方で、自給用にアサを生産した地域も見られる。福井県教育委員会が、1964(昭和39)年に実施した「民俗資料緊急調査」によれば、現在の大野市熊河では、1948(昭和23)年の大麻取締法制定以前には、各戸とも4畝(約4a)前後の麻畑を持ち、収穫したアサは冬期に紡いだ。また、現在の九頭竜ダム付近にあった旧和泉村穴馬では、8月上旬にアサを刈り、直ちに蒸して繊維を取るか、あるいは天日乾燥したアサを水に浸けてから繊維をとった。また、福井県立博物館が作成した『福井県の手織機と紡績用具』によれば、福井市の東部に位置する堅達町では、1950(昭和25)年頃まで自給用にアサを栽培し、農作業着、蚊帳、莫蓙の経糸、屋根材料として利用していた。アサ畑は、1戸につき2畝ほどで、村一番の日当たりのよい場所に集中させていた。8月上旬に収穫したアサは、葉を落として天日乾燥させた後、水をかけては濡れた菰で巻く作業を1週間ほど行ない、もしくは蒸し桶を用いて短時間で蒸してから皮を剥いた。剥ぎ取った皮は、オヒキガンナを用いて良質な繊維を取り出した。

この地域で生産された麻織物にサックリがある。サックリとは、太い麻糸で粗く織られた短い筒袖の着物で、作業着として着用した。これには、経糸緯糸ともに太い麻糸を用いたノノザックリ、緯糸に苧屑(麻の繊維を採る際に出るカス)を入れて織ったオクソザックリ、緯糸に木綿糸を入れて織り上げたモメンザックリがある。敦賀市や小浜市など嶺北地方から京都府の丹後半島にかけての地域では、緯糸に木綿布を入れて織りこんだ、いわゆる裂き織のサックリが見られる。丈夫で、暖かく、水をはじくことから漁師や山仕事を行なう人々から愛用された。サックリ作りは、嫁が姑から習うことで代々伝えられた。勝山市北郷町岩屋では、サックリ作りは女の特技とされ、その数を誇りとしていた。

下に履くタッツケも各家で作った。これには、麻布で作ったノノタッツケと木綿で作ったモメンタッツケがあり、前者は作業用に、後者は屋内用、もしくは余所行きとした。ほかに手拭、紋付、綱、荷縄、蓑、草鞋の先端、キビソマキ、蚊帳なども麻から作られた。若狭町向笠では、女性が作る蚊帳一張りは、男性が土蔵を建てるのと同じぐらいの手柄であったという。しかし、昭和時代になるとアサの生産は縮小し、繊維の素材は木綿へと移行した。そして、最後まで残った地域も、大麻取締法の制定がきっかけとなり、アサが生産されることはなくなった。

【石川県】

石川県では、自給用にアサが作られたほか、伝統工芸品にもなっている能登上布の生産を支えた。能登上布は、能登地方一帯に作られていた麻織物で、近世中頃から農家の副業として生産されてきた。原料となる糸は、地元で生産されたアサやカラムシに加え、群馬県産のアサも利用された。

江戸時代の石川県のアサの生産の様子は、1707(宝永4)年に土屋又三郎が記した『耕嫁春秋』が詳しい。石川郡(現在の金沢市や白山市を中心とする地域)の農業の様子を記述したものであるが、この中の「巻三上 田畠蒔植物之類」にアサの栽培、加工の様子が書かれている。また「巻七 農具之図」には、「麻の葉落とし」と「苧引金」の記述が見られ、前者は、「麻を刈りて葉を落とす物也。代銀三分」と紹介している。土屋は、1717(享保2)年に『農業図絵』も刊行しており、アサの播種の様子を描いた「麻種蒔」と収穫の場面を描いた「麻刈」の絵を見ることができる。

一方、隣接した能美郡(現在の能美市や小松市を中心とした地域)では、農作業を図解した『民家検労図』が著わされた。幕末期の農林水産業の作業風景、農具、植物などを描写したものであるが、この中でアサの絵とあわせて、栽培・加工方法を紹介している。

丹後半島から福井県へと続く裂き織りの文化は、石川県内でも見ることができる。このうち能登半島では、経糸に麻糸、緯糸に木綿の裂き布と麻糸もしくは木綿糸を入れたツヅレやサックリ、経糸に麻糸、緯糸にオクソを叩いて柔らかくしたオワタを入れて織りあげたオクソサックリ、マグササックリが作られていた。

【富山県】

富山県の砺波地方では、越中布と呼ばれる麻織物が作られていた。その歴史は古く、奈良時代には医王山北麓の八講田や五郎丸などで麻布が織られ、宮中の法華八講の際に僧侶への布施として用いられていた。江戸時代になると、経糸に五箇山一帯で生産されたアサ、緯糸に山形県の最上地方のカラムシを用いた八講布が、上質な晒布として名声を博した。八講布は、1655(明暦元)年に書かれた『毛吹草』や1712(正徳2)年に発刊された『和漢三才図会』にも紹介され、加賀藩では、藩の特産物として生産を奨励していた。なかでも、福光(現・南砺市)に集められた白布は「福光麻布」の名で、江戸や京都、大坂などに出荷された。明治時代になると、周辺の地域で生産されたアサやカラムシに群馬県産のアサ、一部に栃木県産のアサを用いて織られた麻布は、衣類、蚊帳、暖簾などに仕立てられた。これらは、伝統的な技法を利用して作られた麻織物として知られ、1928(昭和3)年の昭和天皇即位の大嘗祭、1989(平成元)年の昭和天皇の大喪の礼において使用された。

【新潟県】

新潟県は、中世には青苧の生産地として知られ、また国指定重要無形文化財「越後上布」はカラムシから作られている。そのため、カラムシの生産地としての印象が強いが、1935(昭和10)年の農林省の統計によれば、カラムシの作付面積は約26町(約26ha)、収穫量は1237貫(約4・6t)と、全国順位は21位にまで後退している。それに対して、同年のアサの作付面積は約196町(約196ha)、収穫量は2万8303貫(約106t)に及び、全国有数のアサの生産地の一つに数えられていた。新潟県で生産されたアサは、自家用の衣料や蚊帳、荷縄などに加工されたほか、漁網の原料となった。なかでも柏崎市の荒浜は、農家の副業として網作りが行なわれ、この地で作られた麻製の刺網(あぞ網)は、北海道のニシン漁などでも使用された。

裂き織の文化は、新潟県内にも見られ、なかでも佐渡地方には多くの資料が収集・保管されている。その一部は「佐渡海府の紡織用具及び製品」(542点)として、1976(昭和51)年に国の重要有形民俗文化財に指定されているが、そのなかにアサで作られた着物を見ることができる。また、本州側の西蒲原郡などでは、経糸に麻糸、緯糸に裂き布や木綿糸を入れた着物が作られた。これらは、ツヅレ、サシモンなどと呼ばれ、農作業や山仕事に用いられた。風を通さず暖かいことから防寒着として愛用され、少々の雨や雪であれば、染みることがなかったという。

【日本海の裂き織文化――青森から長崎まで】

日本海の裂き織の文化は、山形県、秋田県、青森県、また丹後半島以西の島根県(隠岐諸島)、長崎県の対馬などでも見ることができる。このうち山形県の庄内地方では、経糸に延縄用の麻の漁網を流用したサゴリが作られた。漁師の冬の仕事着で、外套のように羽織って着た。防寒に優れ、波しぶきをはじいたという。秋田県の男鹿半島、青森県の津軽半島や下北半島の海岸部にも裂き織の着物が見られ、ジャグリ、ザグリなどと呼ばれている。1789(寛政元)年に津軽地方の習俗を記録した比良野貞彦の『奥民図彙』には、「サキオリハ麻ヲホソクサキテヲリタルナリ」と紹介され、この地に麻の織物文化が存在していたことを示している。

●西日本が誇るアサの生産地――広島県・島根県

【広島県】

西日本では、広島県から島根県にかけての中国山地一帯が麻の一大産地であった。この地域の麻生産の歴史は古く、平安時代から鎌倉時代にまで遡る。「建仁年間(1201~04)の記録によると、厳島神社社人《しゃにん》(神人ともいう。社家に仕えて神事、社務の補助・雑役にあたった下級神職)沓内《くつうち》某が猿の口止め祈祷(旧暦十一月の初申の日の祈祷。大きな声や音をたてない日とされた)のため、佐東郡の麻布を使用した」、また「応永年間(1394~1428)には沼田郡安村で土蒸法《つちむしほう》及び煮扱法《にこぎほう》が開発された」(『広島市における麻苧の製造と民俗』広島市教育委員会)。その後も、この地域を治めた毛利氏、吉川氏、浅野氏などによって麻の生産が奨励され、あわせて生産技術の改良によって、1873(明治6)年には10万貫(約375t)以上の生産が見られるなど、西日本最大の麻の生産地として知られるようになった。

このうち、広島市の北部から中国山地一帯で生産された麻は、古市(現・広島市安佐南区古市)の煮扱屋《にこみや》に運ばれた。そこでは、麻の皮についた余分なカスが取り除かれ、さらに漁網や釣糸などに加工されて、近畿地方から中国・四国、九州地方にかけての沿岸地域に出荷された。また、広島県を代表する地場産業である備後表、松永下駄、蚊帳などの原料の一部に麻が使用されたことから、生産地に近接した福山市や尾道市など備後地方一帯でも麻が生産され、活発に取引が行なわれていた。しかし、昭和時代になると、生活様式の変化により、またマニラ麻やサイザル麻などの外国産麻の流入等によって麻の需要は減少し、これらの地域では昭和30年代以降、麻は生産されていない。

○昭和初期のころの栽培

昭和時代初期頃の太田川右岸の川内地区(現・広島市安佐南区)で行なわれていた麻の生産の様子は次のとおりである。

1月中旬頃に広島菜の収穫が終わると、畑の地拵えを始める。畑はなるべく深く掘り起し、また消石灰を混ぜながら行なう。播種は、3月下旬から4月中旬頃にタムシバ(モクレン科の落葉樹、別名ニオイコブシ)の花の咲き具合を目安に行なう。播き終ったら薄く土をかけておき、本葉が出そろう頃に間引きと草取り作業を、丈が20~30cmほどになった頃に追肥を行なう。収穫は、丈が3~4mの高さになり、下葉が黄色くなり始める夏土用(7月下旬~8月上旬)の頃に行なう。これは、気温が高い昼間ではなく、月明かりの下で行なった。主人が株元を持って根ごと引き抜き、土をよく払い落としてから、女性がハウチ(葉打ち)と呼ばれる直刀状の竹製の道具で葉をそぎ落とした。茎だけの状態にした麻は、そのまま桶や蒸篭の中に入れ、数時間ほど蒸した。午前2時ごろから蒸し始めた麻は、早朝には飴色となり、ブリブリと音をたてはじめる。そうしたら、火を止めて、1~2時間はそのままにしておき、中の温度が下がったら桶や蒸篭から麻を取り出して、手で皮を剥いた。これらの作業は共同で行なわれることが多く、午前6時頃になると近所の人たちが皮剥きの手伝いに来た。

○石蒸法

ところで、広島県には「あるとき生麻を積んだまま霖雨にあったところ、鬱蒸《うつじょう》(密閉して蒸すこと)して剥ぎとりが容易なことを発見した」(『広島市における麻苧の製造と民俗』広島市教育委員会)という伝承があり、麻を蒸してから皮を剥ぐようになったという。広島県一帯には、石を使って蒸す方法(石蒸法)、桶を被せて蒸す方法(桶蒸法)、蒸篭で蒸す方法(箱蒸法)が見られたが、このうち石蒸法は、熱した石に水をかけることで蒸気を発生させ、麻を蒸すものである。川のほとりに4㎡ぐらいの縦長の穴を掘り、その中に収穫した麻を積み重ねておく。隅には薪を入れ、その上にいくつもの丸い石を載せておく。また、穴の上には莚をかけ、その上に土を盛ることで穴を塞いでおく。準備ができたら薪に火をつけ、石が焼けているのを確認したら水をかけて蒸気を発生させた。麻が蒸しあがるまでには、2~3日ほどの時間を要したが、穴掘りや材料集め、またその後の管理にも労力を要したが、桶や釜など特別な用具を使用せずに、一度に大量に、かつ均一に麻を蒸すことができたので、広島県の備北地方から島根県にかけての地域では、昭和時代初期頃まで見ることができた。

○桶蒸法

桶蒸法は、水を入れた釜に束ねた麻を入れ、上から逆さまにした桶を被せて蓋をすることで麻を蒸す方法である。桶には、釣瓶のような長い柄を付けておき、上げ下げができるようにしておく。広島市郷土資料館には、口径73・5cm、深さ35・5cmの鉄製の釜（オガマ）と口径80cm、高さ128cmの桶（オオムシコガ）が収蔵され、当時の様子を知ることができる。これらの用具は、先に述べた通り、全国の広い範囲で見られるもので、楮や三椏を蒸す時にも使用された。

○箱蒸法

一方、江戸時代末期から明治時代になると、麻を長さ6、7尺ほど（2m前後）の細長い蒸篭や組立式の箱の中に入れて蒸す方法が考案された。箱蒸法と呼ばれ、蒸篭や箱を水の入った釜に載せ、下から火を焚いて蒸気を発生させることで麻を蒸すものである。箱には小さな穴を開けておき、ここから覗くことで蒸し具合を見ることができた。地域によっては、敷地内にカマヤと呼ばれる小屋を建て、そこで麻蒸し作業を行なった。石蒸法や桶蒸法に比べ手間をかけずに麻を蒸すことができ、現在の広島市安佐南区一帯などでは普及したが、楮の生産地でもあった広島市北部や備北地方では、桶蒸法のほうが優勢であった。また、箱蒸法は蒸しむらができやすいという欠点もあった。

○アラソ（荒苧・粗苧）にして煮扱屋へ

皮は途中で切れることがないように根元から丁寧に剥ぎ取った。そして、竿にかけて、2〜3日ほど天日で乾燥させた。これは、皮に表皮の緑色の部分が残ったもので、当地ではアラソ（荒苧・粗苧）と呼ぶ。莚の経糸や竹皮笠に使う笠糸など自家用に消費されるものを除き、生産したアラソは煮扱屋に出荷される。

煮扱屋は、アラソを苛性ソーダで煮る業者である。その後、川に運んでアラソについた余分なカスを取り除き、コギソ（扱苧）にしてから出荷した。アラソとコギソは、日本最大の生産地である栃木県では、それぞれニハギ（煮剥）、セイマ（精麻）と呼ばれるものである。現在の広島市安佐南区古市には、最盛期の大正時代頃で40軒以上もの煮扱屋があり、周辺の農家から直接に、もしくは系列の問屋からジソ（古市周辺で生産されたアラソ）、オクソ（広島県北部や島根県産のアラソ）、ヒゴソ（熊本県〈肥後〉産のアラソ）、ヤシュウ（栃木県〈野州〉産のニハギ）などを仕入れて、コギソに加工した。

かつての煮扱屋（広島市安佐南区）2016（平成28）年

○コギソ＝精麻に仕上げる（オコギ・苧扱ぎ）

アラソは苛性ソーダで煮ることで、皮についたゴム質が溶解し、表皮や不純物が容易にとれるようになる。古市では、アラソ5貫匁（18・75kg）に対して、苛性ソーダ200匁（750g）を水2石（約360ℓ）に溶き、釜で2時間ほど煮込んだ。この時、途中でかき混ぜて、むらがでないようにした。煮あがったアラソは、釜から取り出して水を切り、根がついたものは棒でよく叩いてから荷車やネコ車などに載せて、川に運んだ。

流水の中で、アラソについた表皮やゴム質などを掻き出す作業をオコギ（苧扱ぎ）という。この作業は、古市付近を流れる安川や古川などで行なわれた。オコギは、水深が膝ぐらいの清流で、近くに干し場を作る空間がとれる場所が適地とされ、樹木や竹などを置くことで、川の水量を調整することもあった。そして、所々にアラソを水の中にかけておくための杭を立てておく。オコギは、オコギバシ（苧扱ぎ箸）と呼ばれる長さ30cmほどの竹製の箸で行なった。一方はワラで縛っておき、アラソをオコギバシで挟んで扱くことで、カスを取り除いていく。これは、流水の中での腰を曲げての作業であり、古市一帯に住む女性が、夜明けとともに始め、厳冬期にも行なった。「古市は女で世帯が持つ」などといわれ、病気見舞いや冠婚葬祭などは周囲の農村と比べて派手であったともいわれるが、「わたしの生まれは古市よ 朝から晩まで水仕事」、「ひとり娘は古市へやんな 師走ご寒日川で住む」などのオコギ唄（作業唄）が遺されており、重労働であったことがわかる。

この時に得られる繊維がコギソで、竿にかけて夏であれば2日程度、冬なら3～4日ほど天日で乾燥させた。さらに、土手の傾斜地や川原の平地（ただし草のある所）に運んで、扇状に広げて、朝、昼、夕方に水をまいてコギソの皺を伸ばし、日光に当てて繊維を白くした。この作業を2日間行なった後に出荷した。

【麻糸から漁網・蚊帳・畳縁へ】

このうち糸屋に運ばれたコギソは、ウミコと呼ばれる人々によって細く長く績まれ、撚りをかけて糸にした後、漁網や釣糸などに加工された。古市では、鰤や鯖などが豊漁の年には漁網、米が豊作の年には蚊帳や畳縁などの需要が高まったという。また、戦時中は軍需物資としても利用された。オコギ作業の際に出る屑も大切に利用した。このうち、比較的長いスサ（苆・寸莎）は建築用材に利用され、短いシリクズは縄の原料となった。

●日本のアサの起源か――徳島県

【阿波忌部氏と大麻――吉野川市】

今日、徳島県では麻の生産は行なわれていないが、吉野川中流域に位置する旧麻植《おえ》郡には、牛島八幡神社、向麻山《こうのやま》、麻植《おえ》塚《づか》、岩戸神社など麻に関する地名や伝説が遺されている。

麻植郡は、鴨島町、山川町、川島町、美郷村などで構成されていた郡で、２００４（平成16）年に町村合併で吉野川市が誕生するまで存続していた。８０７（大同2）年に斎部広成《いんべのひろなり》が著した『古語拾遺』によれば、天富命《あめのとみのみこと》が、天日鷲命《あめのひわしのみこと》の孫の阿波忌部《あわいんべ》を率いて肥沃な土地を求め阿波国を開拓し、穀《かじ》と麻種《おたね》を植えた

麻晒池（徳島県吉野川市） 2011（平成23）年

ことから麻植郡の名になったという。

旧鴨島町牛島にある牛島八幡神社は、別名「麻宮《おみや》」と呼ばれている。地名の牛島は麻の技術集団の名称「麻師《おし》の島」が訛ったものとされる。同じく鴨島町麻植塚にある向麻山は、鳴門市にある阿波国一宮「大麻比古神社《おおあさひこじんじゃ》」の御神体でもある大麻山《おおあさやま》の向かい口にあるところから名付けられた。麓を流れる飯尾川《いのおがわ》は麻漬川とも呼ばれ、阿波忌部が麻を精製していたとされる麻漬け口、麻搗石、麻晒石の伝説も残る。旧山川町の岩戸神社は、忌部山の麓にある忌部神社の七摂社（摂社とは神社内で本社に付属する小社のことをいう）の一つで、境内には麻晒池《おざらしいけ》と麻晒岩を見ることができる。オゴケ（麻笥）の巨石は、忌部大神が降臨した場所と伝わる。

【践祚大嘗祭と大麻――美馬市】

吉野川市に接する美馬市（旧美馬郡小屋平村、同村は1973年まで麻植郡に所属していた）の三木家は、践祚大嘗祭（即位後初めての新嘗祭）に御衣御殿人《みぞみあらかんど》として麁服《あらたえ》を貢進している。麁服とは、麻で織りあげた着物のことで、近年では1990（平成2）年に、その任を果たしている。作業は、畑を作るための更地を作ることから始める。4月に種を播き、7月に3m以上に成長した麻を収穫する。その後、湯かけ、乾燥、発酵、麻引き作業などを行ない、精麻を取り出す。三木家をはじめ、徳島県では麻生産の伝承は途絶えているので、これらの作業は、群馬県の岩島麻保存会の協力により実施された。精麻は5人の紡女によって糸に績まれ、糸車で紡がれた後、吉野川市山川町にある山崎忌部神社で布に織りあげられた。

三木家住宅（徳島県美馬市） 2007（平成19）年

●文化財を守る大分のアサ――大分県

【アラソ（粗苧） 久留米絣の縛り糸や畳表】

大分県では、阿蘇山麓の西部地域などで麻の生産が行なわれていたが、1975（昭和50）年頃から急速に生産者は減少し、現在は大分県日田市（旧大山町）の矢幡正門氏のみが麻を生産している。なお、矢幡氏は2003（平成15）年に「粗苧製造」で国の選定保存技術保持者に認定されている。これは文化財の保存のために欠くことのできない伝統的な技術または技能を有する人で、保存の措置を講ずる必要があるものが選定される。ここで生産された麻は茎から皮を剥いでアラソ(粗苧)とし、さらに加工されたものが国の重要無形文化財に指定されている「久留米絣」の絣の縛り糸となる。近年は、これとは別に広島県にも出荷され、伝統的な畳表の復元に寄与している。

【矢幡正門氏のアラソ作り】

以下、2007(平成19)年に行なわれた矢幡氏のアラソ作りについて紹介する。この年の麻の栽培面積は2aで、約20kgのアラソが生産された。

3月末に播いた麻は、7月中旬ごろの天気のよい日に収穫される。この頃の麻の丈は2・5~3mぐらいになっており、茎の上部には多少の枝分かれが見られる。絣の縛り糸にするという制約から十分な皮の厚みが必要であり、厚くなり過ぎると固くなるので、収穫の時期の見極めは経験を必要とした。この年は7月22日に麻の収穫を行なった。根元を鎌で刈り、孟宗竹で作った箆《へら》で葉をそぎ落として、茎だけの状態にする。これをナマアサ(生麻)という。この際、丈の長さをそろえることはせず、また枝分かれがある部分もそのままにして直径20㎝強の大きさの束にまとめていく。これを背負ってムシバ(蒸場)に運ぶ。

ムシバとは麻を蒸す場所のことである。麻は、家の敷地内の水路の傍ら(ただし現在水は枯れている)に築いた、コンクリートブロック造りの縦125㎝、横150㎝、高さ290㎝ほどの箱状のムシガマ(蒸し釜)の中で蒸す。ムシガマの下には石積みのクドを設け、そこに直径80㎝ほどの釜を置き、蒸す時は釜の中の水を沸騰させて蒸気を発生させる。ムシガマとクドとはスノコを通してつながっているので、蒸気はムシガマの中へと入っていく。ムシガマができる以前は、簀子《すのこ》を張った釜の上に木製の桶を被せて麻を蒸したが、桶が老朽化したために現在はこの方法に変えている。かつて、こうしたムシバは地区内に数か所あり、共同で利用されていたが、現在はここだけになっている。なお、1975(昭和50)年頃までは、このムシガマで三椏も蒸していた。

収穫したナマアサは、すぐさまこの簀子の上に並べていく。この際、ナマアサが長くてムシガマの中に入らない場合は、ウラ(葉先)を鎌で切った。また、より多くのナマアサが入れられるようウラとモト(根元)を交互に入れてい

麻をムシガマに入れるようす(大分県日田市、2007〈平成19〉年、以下同じ)

く。蒸しむらをなくす意味でもこの作業は重要であった。このムシガマの中に満杯のナマアサを詰めると、約20kgのアラソができる。

○ヲームシ（苧蒸し）

ナマアサを蒸す工程をヲームシ（苧蒸し）という。これは収穫後すぐ、もしくは次の日に行なう。ヲームシに要する時間は、湯が沸騰する時間も入れて7～8時間程度である。ヲームシは、火や水の管理が重要で、これを怠るとナマアサがよく蒸せない。午前中から午後にかけて麻の収穫を行ない、夕方に火をつけた場合は、この作業は深夜に及ぶ。そのため、次の日の早朝に火をつけることもある。しかし、この場合は、日中の暑い時間帯に火の管理を行なわなければならない。このようにヲームシは、麻の生産者にとって大変な作業であった。

麻を蒸すようす

火は、翌23日の午前8時につけた。しばらくすると湯気が上がってくるので、蒸気漏れがないかを確認し、また薪をくべるなど火の管理を行なう。ムシガマにはナマアサを出し入れするための扉があるが、この扉の上の方から盛んに湯気が立つようになったら完了である。扉を開けてナマアサを1本引き抜いて状態を見て、皮が剥ける状態になっていたらナマアサの束を外に出す。そして、ホースで水をかけ、またモトのほうを足で踏んでおく。かつては蒸し上がった麻はまず水路に入れた。したがって、ムシガマは水場の近くに設けられた。ムシガマの扉を開けたのは午後3時30分であった。

蒸しあがった麻

○ヲーハギ（苧剥ぎ）

麻が冷えたら皮を剥ぐ。この作業をヲーハギ（苧剥ぎ）という。左手でモトの皮を少しめくり、右手で一気にサキまで剥いでいく。途中皮を切ることなく剥ぐことが重要である。剥いだ麻の皮はアラソという。アラソはその日のうちに天日で半日ほど乾燥させてから久留米に出荷する。

○ヲコギ（苧扱ぎ）＝精麻

現在、矢幡氏が行なう麻の加工はここまでであるが、196

苧剥ぎのようす

粗苧を干すようす

5（昭和40）年頃までのこの地域では、アラソを加工して、苧にしてから出荷した。苧は野州麻の生産地でいう精麻のことである。はじめに大きな釜で湯をわかし、そこに苛性ソーダ（古くは木灰）を加え、煮たったところでアラソを入れて炊く。やがてアラソの皮がぬるぬるしてくるので、その状態になったらアラソを釜から出し、流水の中で余分なカスを取り除いた。この作業をヲコギ（苧扱ぎ）という。オガラや竹で作ったコキバシ（扱箸）でアラソを挟み、流水の中でモトからサキの方へ摺り合せるようにして皮をしごくと苧ができる。苧は屋敷の前庭などに並べて、2日ほど干した。この時、夜露にあてたが、こうすることで繊維が白くなった。

●南九州地方のアサ作り――宮崎県・鹿児島県・熊本県

【九州圏内での大麻栽培利用の歴史】

鹿児島県曽於《そお》市の宮之迫《みやのさこ》遺跡では、縄文時代中期末から後期前葉の土器付着炭化物の胴片付から、アサ果実の圧痕が見つかっている。また、佐賀県神埼市と吉野ヶ里町にまたがる吉野ヶ里遺跡からは、麻布が発見された。今日、宮崎県では、アサが生産される様子を確認することはできないが、1955（昭和30）年頃まで、高千穂町、五ヶ瀬町、椎葉村、西米良村などが生産地として知られていた。これらの地域のアサの生産の歴史は古く、1176（安元2）年2月の「八幡宇佐宮符写《ふうつし》」（奈多《なだ》八幡縁起私記）には、行幸会料色々雑物《ぞうもの》として麻布65段が納められ、1362（貞治元）年12月の「大光寺年貢諸日記」には、「二百文　麻ヲカウ」と記されている（八幡宇佐宮は大分県杵築《きつき》市）。長崎県では対馬が生産地として知られ、その様子は陶山訥庵が著した『労農類語』（1722年）が詳しい。

明治時代には、宮崎県、熊本県、鹿児島県などがアサの生産地として知られていた。1911（明治44）年の統計によれば、宮崎県のアサの作付面積は934・2町（約934ha）で全国5位、熊本県は612・6町（全国7位）、鹿児島県は409・4町（全国9位）であり、宮崎県は、主に九州山地東麓の西臼杵郡、鹿児島県は伊佐郡や曽於郡など県内全域、熊本県は阿蘇山麓でアサが生産された。このうち熊本県で生産されたアサは、肥後苧と呼ばれ、畳糸などの原料となった。

宮崎県農業実態調査報告書によれば、「藩政時代の上納は、女手により精製された麻布が主で、それを手末、または田無の貢と称している」とあり、高千穂地方では江戸時代に年貢として麻布を納めていた。また、唯一の換金作物であり、この地域で生産されたアサは馬と舟で延岡城下に運ばれ、その後は千石船で大坂方面に送られた。また、自給用の作物としても重要で、本草学者の賀来飛霞《かくひか》(1812～94年)は、『南遊日記』のなかで「路傍ニ三人休フ者アリ　粗ナル麻ノ衣ヲ服ス(中略)麻衣ハ常服也　地　草棉ヲ生セズ　唯麻ヲ植ユ　多藍染ヲ用ヒズ　白色ノ衣ヲ服ス　以テ神代ノ遺風トス」(1842〈天保12〉年8月17日)と記している。高千穂地方では、江戸時代後期になっても、木綿布ではなく麻布が日常着として用いられていた。

宮崎県五ヶ瀬町では、アサは上畑に播いた。ヒエやアワなど食糧を生産するための畑より優先されたという。その後、開田が進み、米の生産が可能になると、アサの作付けは減少するが、衣類や農耕具の材料として重宝され、栽培は続けられた。また、綾町では、肥沃で荒風を受けない場所に種を播いた。しかし、いずれの地域も戦後に出された大麻取締法が一つのきっかけとなり、栽培は中止された。高千穂町や椎葉村でも、1955(昭和30)年頃を最後にアサが生産される様子を見ることはなくなった。しかし、これらの地域で行なわれる神楽において、麻で作られた衣装や小物を使うことから、現在も麻を必要としている。

【宮崎県での栽培利用】

『宮崎県史　民俗編』などによれば、宮崎県内のアサの生産方法は次のとおりである。

アサを播く畑は、秋の収穫が終わったら牛で鋤き込んでおく。急傾斜地にある畑は、鍬を使って人力で掘り起こした。厩肥は、秋から春にかけて準備しておき、播種の時期が近くなったら堆肥と種をよく混ぜ合わせた。播種は、4月下旬、遅くとも霜が降りなくなる八十八夜までに行なった。畝を立てて、その溝の中に種の混ざった堆肥を播き、足で蹴るようにして溝を土で覆った。種と堆肥の配合や播種の間隔、土をかける厚さなどが、その後のアサの生育を左右した。

播種後の管理も重要であった。農家では、鳥害、虫害、病害などに悩まされていたが、なかでも風水害の被害は甚大であった。高千穂の『岩戸村庄屋日記』によれば、

1741(寛保元)年6月4日　今晩大風雨　所々小崩等乃麻しらけ殊之外痛

1753(宝暦3)年5月18日　村方麻苧大風ニ而悉吹つぶす

1754(宝暦4)年4月24日　大小麦麻苧大痛、悉吹潰ス
1766(明和3)年6月10日　夜前与風雨にて麻苧大痛

など、たびたび災害に見舞われていたことがわかる。

収穫は7月下旬から8月上旬に行なった。鎌で根元を刈り取り、竹製のオノハウチ(苧の葉打ち)で葉を落とし、茎だけの状態としてから地面に広げ、2日から数日ほど天日で干した。十分に乾燥したら、残った葉をよく落とし、屋根裏などに束ねて収納しておく。

○麻剥ぎ

アサの表皮は、乾燥したアサの束に桶を被せ、蒸気で蒸してから剥ぎ取った。その方法は、岐阜県以西の西日本、青森県や岩手県など北日本で広く行なわれていたものと同じである。そのため、宮崎県内の博物館や資料館でも、アサを蒸すための桶(ユデオケ)やカマを見ることができる。古くは畑に穴を掘り、火を焚いて土中で蒸すこともあった。また、アサを夜露に晒してから、数日ほど川や池にひたし、ふやけたところで皮を剥ぐ方法もとられていた。

剥ぎ取った皮は、荒灰と麦ワラを焼いた灰を混ぜたものにまぶしてから大釜で煮た。大釜の底には、アサが触れないように苧殻を敷き、夕方から夜中にかけて弱火で煮た。翌晩は休んでそのままにしておき、次の晩は皮を上下に反転させて煮た。煮た皮は、水を入れた樽のなかで灰を落とし、よく洗ってから苧扱ぎ小屋に運び、そこで苧扱ぎを行なった。

○苧扱ぎ

苧扱ぎ小屋は、風雨や雪を防ぐために作られる共有の施設で、10人ほどが作業できる広さの建物に、苧殻やカヤで葺いた切妻の屋根を付けたものである。小屋の中には水路を設け、その両側は流れに沿って石を敷き詰め、奥に2mほどの板で棚を作っておく。そして、石畳には板を置き、その上に筵を敷いて、上流に左手を向けて座り、流水の中で竹製の箸(ハシコキダケ)を用いて繊維に付いた表皮やカスを落とした。この作業は女性の仕事であり、そのため苧扱ぎ小屋は男子禁制であった。扱いだ繊維は、小屋のたき火で乾かし、家に持ち帰って軒下で粗干しした後、天井から吊り下げた麻干し竹にかけて陰干しとした。

麻は、細く裂いて績むことで糸にした。そして、高機で布に織ってから仕事着、帷子、紋服、蚊帳、腹掛け、尻当てなどに仕立てた。また、繊維を撚ることで、漁網、袋、荷縄、綱などが作られた。苧殻は、屋根の軒、精霊祭の箸、葬式の松明、明かり、鳥類を追い払うための矢などに使用した。

(篠﨑茂雄)

コラム　アサの播種器

野州麻の生産地栃木県では、播種器《はしゅき》が発明される前は、ウネタテやカッサビなどで畝を立ててから、親指、人差し指、中指、薬指の4本で種をつまみ、手でよじりながら播いていた。良質な麻を作るためには、一定の間隔で種を播くことが重要で、他の地域から嫁いできた若嫁などは苦労したという。

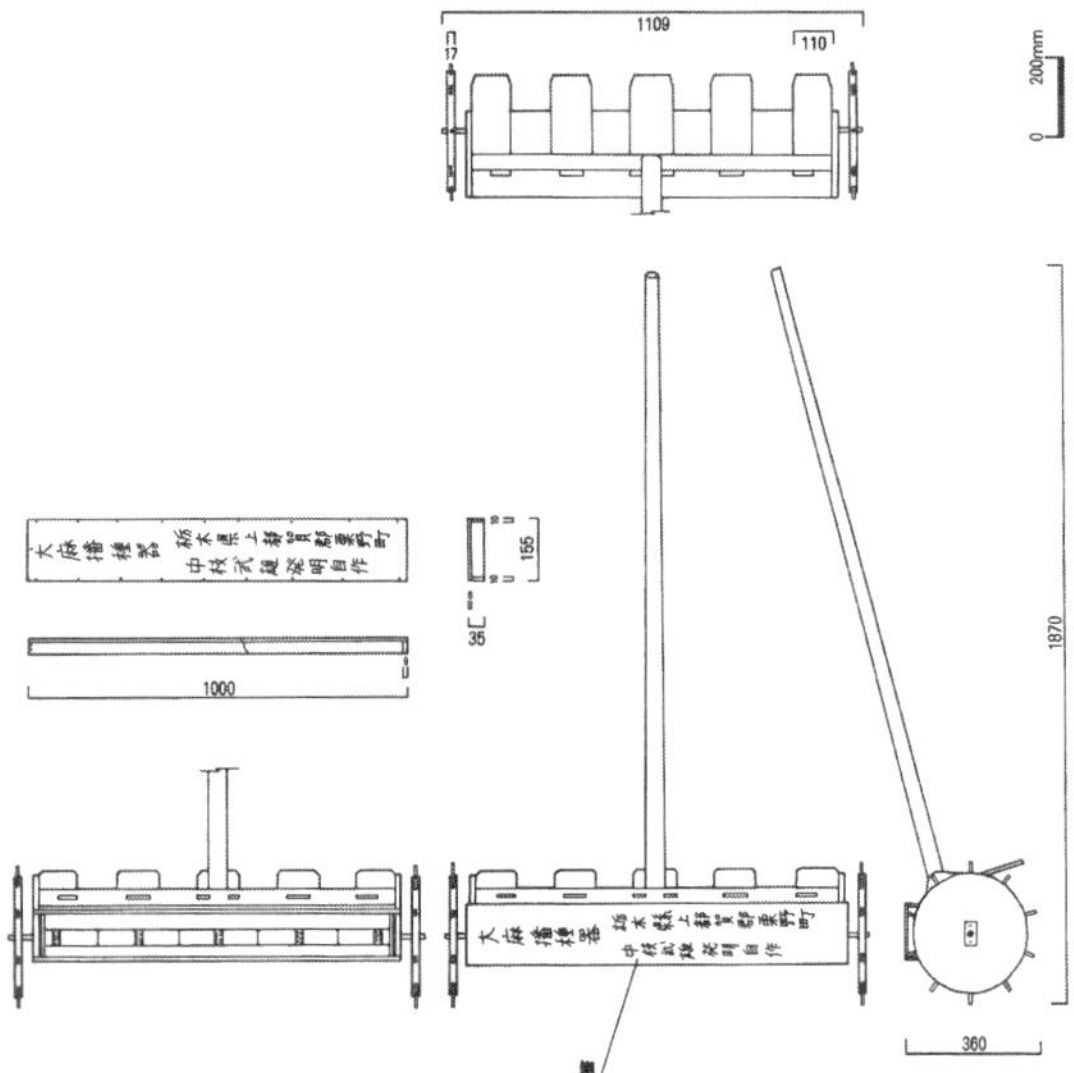

播種器の実測図
実測：鈴木啓司
トレース：舟山陽子

播種器の内部
このくぼみに種がはまり、ローラーの回転にあわせて種は地面へと落ちていく

中枝式播種器
栃木県立博物館蔵

最盛期には、平均的な農家で4～5反歩(約40～50ａ)、多いところでは1町歩(約100ａ)を超える面積が耕作され、播種の苦労は計り知れないものがあった。アサの種を播く器械の開発は、このような状況の下で行なわれた。

口粟野《くちあわの》村(現在の鹿沼市粟野)の中枝《なかつえ》武雄が発明したアサの播種器は、種を入れる箱、土に畝を立てる爪、車輪、それらを引っ張る柄から成る。箱の中には穴の開いたローラーが数個据え付けられているが、これらは車輪に連動して回転する仕組みになっている。箱の中に種を入れ、柄を引きながら後ずさりすると畝と溝が作られ、そして車輪の回転にあわせてローラーの穴に種がはまって一定の間隔で一粒ずつ種が落ちていく。完成後も改良が施され、最終的には1時間当たり8反5畝の播種が可能となった。これにより、従来の手播き15人から20人分の手間が軽減されたという。その後、泉田栄太郎、鮎田治作らが改良を加え、今日に至っている。

(篠﨑茂雄)

4章

アサを栽培する

栽培適地

【福島県――『会津農書』の指摘、山畑、昼夜温】

アサは日本各地に生育したが、栽培の適地は限られていた。会津藩幕内村(現・福島県会津若松市)の肝煎佐瀬与次右衛門は、『会津農書』(1684年)のなかで「麻ハ山畑ニ相応セリ。里畑ニハ不適」と記し、その後に出された『会津農書附録』には、「(前略)麻ハ夜寒ク、嵐ノ当ル所ヨシ。故ニ山畑ノ麻ヨシ。里麻ハ、昼夜暖ニテ昼ハ照ニ強ク当リ。長ニ不延、夜ハ虫イキレニ成テ虫喰故ニ、里畑ノ麻ハ悪シ。(後略)」と書いている。

当時、会津地方で栽培されたアサは、麻布などに加工されたが、質の高い糸を得るには、夜に冷え込む山の畑で作るとよい。里の畑は昼も夜も暖かく、昼は強い日にさらされてしまうので丈が高くならない。また夜は蒸し暑くなるので、虫が付きやすく、よい品質のアサはできない。そして、土壌は、岩石が風化してできた肥沃な「野土」と、火山灰土で有機物が少ない「真土」とが混ざり合った「野真土」が栽培に適している。

【宮崎県、長野県、熊本県など――山間、風、水はけ、砂礫土】

宮崎県五ヶ瀬町では、アサは上畑に播いた。これは、ヒエやアワなど食糧生産のための畑よりも優先された。一方、長野市や京都府舞鶴市などでは、山の背後の風が吹かない場所が、栽培の適地とされた。栃木県の足尾山地東南麓、広島県から島根県にかけての中国山地、熊本県の阿蘇山麓など日本有数のアサの生産地では、砂礫を含んだ山麓の傾斜地で、水はけがよく、風の影響を受けにくい場所に作られていた。

宮崎県農事試験場の鴛海《えんかい》文彦氏は、1940(昭和15)年に朝鮮繊維協会と朝鮮農会との共同主催により開催された「大麻講習会」において、アサの栽培の適地として、気候の面では、播種の時期に適当な降雨があって、成熟期に晴天が続くような地域で、山間の比較的風当たりの強くない場所をあげている。また、雹害が少ないことも重要である。一般に「優良大麻の産地は何れも山間地で、朝のうちは霧が深く、10時か11時ごろには霧が晴れて半日位日が照るが、午後の3時か4時には山陰になって日が当たらないような所が多い」。土壌の面では、「表土が深く、ある程度それに小石が混ざっている土壌の地域、例えば秩父古生層などが理想的である」と述べている。そして、肥料分の少ない土地に、良質な肥料を与え、肥料の力で生育させるのがよいとしている。

【栃木県――ジャリッパ・ジャリッパタ】

栃木県では、大芦川や永野川、思川など、足尾山地から流れる河川によって形成された扇状地で良質なアサが作られた。なかでも、ジャリッパ(砂利っぱ)、ジャリッパタ(砂利畑)と呼ばれる角礫土壌の地域では極上のアサが生育した。こうした地域を、当地ではホンバ（本場）という。また、かつて引田麻、岡地麻、永野麻など良質なアサを産出した鹿沼市引田、南摩《なんま》、永野は、アサの主産地の西部に位置するところからニシバ（西場）と呼び、そこで生産されたアサを「西場の麻」という。それに対して、第四紀層の平坦地で、肥沃な土壌からなるバチガイ（場違い）では、良質なアサはできない。

◇水田

場所によっては、畑ではなく水田でもアサを栽培した。このようなアサをタソ（田麻）という。一般に水田は土壌が肥沃で、アサの栽培には不向きとされるが、肥料の配分を工夫することで、良質な麻ができる場合がある。それでも、昭和40年代になると、麻の需要の減少に伴い、こうした地域から米、コンニャク、イチゴなどへの転換が進められていく。

◇採種圃場の場合

国内で栽培されるアサの多くは、繊維の採取を目的とし、表皮を剥ぎ取った後の芯（オガラ）、や繊維の屑（オアカ）も取引の対象とされた。かつては、果実も利用したが、今日ではそうした事例を見ることは難しくなっている。

繊維を採取する場合は、花が咲く前に刈り取ってしまうので、そこから果実を採取することはない。一方、種子採取後のアサから繊維を採ることはない。良質な繊維が採れないからである。したがって、1本のアサから繊維と果実の両方を採ることはない。そのため、繊維採取用のアサは、採種用のアサとは分けて栽培される。その際に、繊維用はやせた土地に密に種を播いて、枝が分かれないように育てるのに対して、採種用は肥沃な土壌に間隔を開けて種を播くことで、枝がより分かれるように、そして多くの花芽がつくように栽培する。このように、利用する目的によって、アサの栽培の方法は異なり、栽培の適地にも違いが見られる。

採種用のアサ

栃木県での栽培

本節では、栃木県におけるアサ(野州麻)の栽培の様子を中心に紹介する。栃木県では、少なくとも江戸時代の初期ごろには商品作物としてアサの栽培が始まり、下駄の鼻緒の芯縄や漁網、綱などに加工された。その後、良質なアサが大量に生産され、日本有数の生産地として発展する。そうしたなか、生産方法や生産用具に数々の工夫が加えられてきた。他の地域のアサの栽培の様子は、第3章を参照されたい。

●農業経営と生産暦

鹿沼市や栃木市など、栃木県のなかでも良質なアサが生産される地域では、アサが第一の現金収入源であった。昭和30年ごろの平均的な農家の経営耕地面積は1町歩(約1ha)ほどであったが、このうちの4、5反歩(約40~50a)はアサを生産していた。鹿沼市上南摩町の農家では、アサの他に葉タバコや麦を栽培した。また、栃木市都賀町のある農家では、所有する水田3反歩、畑7反歩のうち、2、3反歩はアサを、そして田麻も作った。畑は、連作を避けて、毎年交換していたという。

種は、3月下旬から4月上旬に播き、遅くとも8月上旬までには収穫する。収穫した後の畑には、ソバ、アズキ、ホウキモロコシ(箒草)などを作ったが、なかでも後作として作られるアズキは「麻あと小豆」といわれ、高く評価された。

生産に当たっては、堆肥作り、畑の耕起、播種、中耕、収穫、

栽培暦

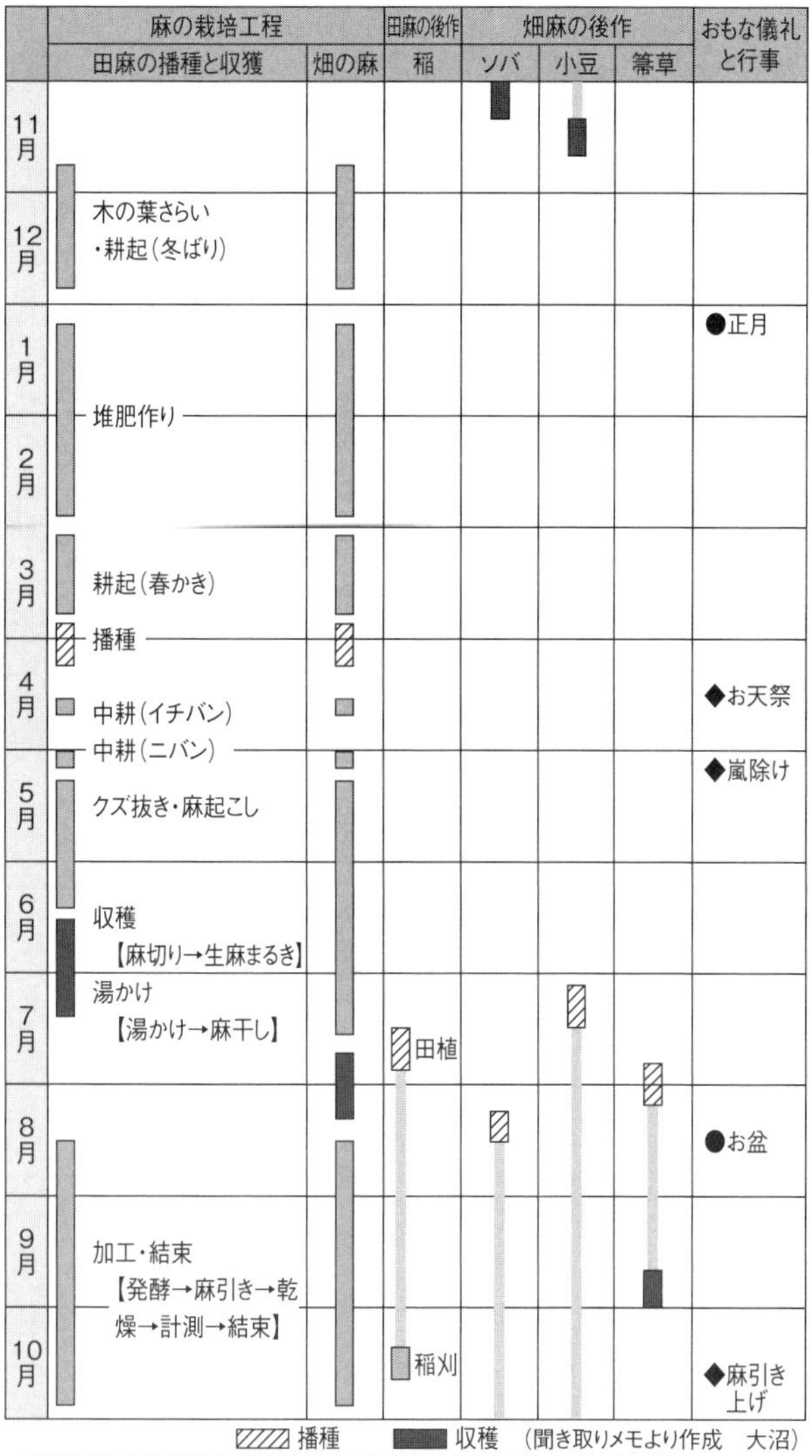

山間地域の栽培農家の2000(平成12)年当時のもの(協力:高村富雄)

湯かけ、乾燥、床伏せ、加工など一連の工程が見られる。これらの作業は短期間に集中することから、耕起や播種は4、5軒ほどの農家からなる「結」と呼ばれる相互扶助が見られた。また、収穫や加工は人手を雇って行なった。米や麦など他の農作物を栽培する場合は、アサの生産暦とかぶらないようにした(栽培暦参照)。

●土作り

【キノハサライ(木の葉さらい)】

アサの栽培においては、堆肥作りが重要である。堆肥はケイ(肥)、チチケなどと呼ばれ、ナラやクヌギなど落葉広葉樹の落ち葉から作られた。各農家では、これを冬の間に作っておいた。

11月末になると、山に入って落ち葉をさらってくる。この作業をキノハサライ(木の葉さらい)という。下準備として、作業の邪魔になる篠竹や柴などを鉈鎌や草刈り鎌などで刈り払い、熊手を用いて落ち葉を掻き集めた。

一か所に集めた落ち葉は、籠やビクなどにまとめて家に持ち帰り、母屋の背後におかれたキノハゴヤ(木の葉小屋)などに保管しておいた。堆肥を作るためには大量の落ち葉を必要とした。例えば、1反歩(約10a)の畑にアサを作る場合は、おおよそ直径80㎝、高さ120㎝の大きさのキノハカゴ(木の葉籠)40杯分の落ち葉を必要とした。そのため、冬の間は、籠を背負って、自宅と山の間を何度も往復した。一方、栃木市東南部や壬生町など近くに山林のない平野部の農家では、日光や鹿沼方面まで出向いて落ち葉を集めた。その際に、荒縄で井桁状に編んだビクに落ち葉を載せてから、簀巻き状に巻き、斜面を引きずって下ろした。そして、平坦な所まで来たら、それをリヤカーやトラックに積み替えて自宅まで運んだ。ビクは、一度に大量の落ち葉を運ぶことができたが、作業に手間がかかり、また重量が大きくなるので主に男性が使用した。

【堆肥作り】

集めた落ち葉は、昭和30年代ごろまでは、厩や牛舎に敷き入れて、馬や牛に踏み固めさせ、牛馬が排泄した糞尿と混ぜ合せることで発酵させた。これをマヤゴエ(厩肥)という。

落ち葉は、踏み固められたら追加し、厩肥が土間の面より高くなったら、フォークや備中鍬、万能などで掻き出して、母屋の前の庭や堆肥舎などに積み上げておいた。そこでも、水を撒いたりワラなどで覆ったりすることで、あるいはフォークや備中鍬、万能

堆肥舎　堆肥のキリカエシのようす

などで、堆肥を切り崩しては、隣に積み上げて撹拌させることで発酵を促した。こうした撹拌作業をテンチガエシ（天地返し）、もしくはキリカエシ（切り返し）という。このとき化成肥料も混ぜ合せておく。

播種の季節が近くなると、農家では、堆肥に大豆粕、魚粕、菜種粕、米糠、乾燥した下肥などを混ぜ合せた。そして、堆肥を何回か切り返して、塊をフルウチボウ（振打棒）で細かく砕き、天日でよく乾燥させた。アサの肥料は、他の作物よりも細かく砕くことが重要で、この作業は何回も行なった。なかには、堆肥を篩でふるって異物を取り除く農家も見られる。良質な堆肥は、発酵が行き届き、落ち葉の原型を留めないほど細かくて、さらさらとしている。アサの播種に使用する堆肥は、アサマキケイ（麻播き肥）、アサッケイ（麻肥）という。

農家に牛や馬がいなくなると、運んできた落ち葉に水をかけて発酵させ、あるいは酪農家から購入した牛の糞尿を混ぜ合せることで堆肥を作るようになった。戦後は、大豆粕や米糠に代わり、過燐酸や窒素酸カリなどの化学肥料が用いられるようになった。

【金肥の購入と肥料の配合】

キンピ（金肥）も使用した。金肥は、農家が購入して使用する肥料のことで、代表的なものに〆粕、大豆粕、魚粕、菜種粕などがある。なかでも広く用いられたのは、〆粕である。これは、大豆や魚などの油を絞りとった後のカスで、カマスに入れて売られていた。また、魚の骨粉を混ぜると繊維の艶が増すといわれ、干鰯を臼でついて堆肥に加える人もいた。

鹿沼市には、佐渡屋、岡本、小西など麻問屋があったが、その多くは肥料販売業を兼営し、麻農家には精麻の代金を差し引いた値段で肥料を販売していた。麻問屋が買い入れた精麻は、茨城県や千葉県の鰯漁の網元に販売し、その代金で干鰯を仕入れ、それを麻農家に販売した。すなわち麻問屋は、精麻と干鰯を移動させる「のこぎり商売」を行なうことで、利益を得ていた。

肥料には下肥も用いた。町場の人と契約し、野菜と取り替えた。下肥は、専門の人が、柄杓で桶に汲み入れて、荷車で運んできた。

金肥は、播種前に堆肥に混ぜて使用する。その際に多く混ぜすぎると、太くて緑色の濃いアオッツォ（青麻）となり、反対に少なすぎても丈が伸びない。そのため、アサ作りにおいて、良質な肥料を作ることは重要で、堆肥の量や化成肥料の配分は、土壌の地味などを考慮して家長が決めた。

●耕起――秋起こし（ユフバリ）、春起こし（ハルカキ）

アサを栽培する畑をオバタケ（麻畑）という。畑は秋のうちに土を起こしておき、春の播種前に砕土して平らにならした。いわゆる地拵えのことで、冬の作業はフユバリ（冬ばり）、春の作業はハルカキ(春掻き)などと呼ばれた。

冬ばりは、秋の作物の収穫が終わる11月ごろ、遅くとも寒入り前には行なう。土を深く掘り起こすことで、冬の寒気にさらして凍らせた。土壌の風化作用を促し、土塊の破砕と害虫の天然駆除をはかるために行なうものとされる。また、この時期に土を起こしておくと、細かくなった土が冬の間に凍ってバラバラになるので、その後の作業の効率が上がるといわれる。1935(昭和10)年頃までは、エグワ(柄鍬)、カラスキ(唐鋤)などと呼ばれる踏鋤を用いて、人力で土を起こしていた。鋤先を地面にあて、足を鋤の踏み台にかけて力強く踏み込み、鋤先が土中深くに食い込んだら、鋤の柄を両手で持って押し下げ、テコの原理で鋤先の土を反転させた。1日に3畝(約3a)耕すことができれば一人前とされ、大変な重労働であったという。そのため、男性の仕事とされ、また近所、親戚など親しい者同士のイイッコ(結)で行なわれた。

エグワによるジゴシラエ　再現したもの

その後、バコウスキ(馬耕犂)が普及すると、冬ばりは、牛や馬で行なうようになり、作業は楽になった。現在は、耕耘機で行なうが、畑のヨセ(隅)など耕起が難しい場所は、鍬や備中鍬を用いて、人力で土を起こしている。

冬に起こしておいた麻畑の土は、播種前の3月頃に細かく砕土し、整地する。この作業を春掻きという。現在、この作業は、砕土機で行なうが、それ以前は牛や馬にマンガ(馬鍬)を引かせて砕土した。この場合、一人がハナドリ(鼻取り)をして進む方向を整え、もう一人が馬鍬を操作する。

播種直前には、フリマンガ(振り馬鍬)を使って、土をさらに細かくし、平らにならした。振り馬鍬は、2人1組で向かい合って、取っ手を持ち、それを左右に揺らすことで土を掻くものである。作業する2人の息が合っていないとうまくいかず、また夫婦で行なう場合も多かったことから、振り馬鍬を「夫婦馬鍬」と呼ぶこともあった。ある程度、土が細かくなったら、ツブテッコシ(飛礫毀)で、さらに細かく砕土した。

戦後になると、馬鍬よりも大型で歯が多いショウジマンガ(障子馬鍬)を馬に引かせて春掻きを行なうようになった。昭和30年代以降は障子馬鍬を改良した農具を耕耘機に取り付けて使用することで、作業の効率化が図られた。

●播種(アサマキ)——3月下旬〜4月上旬

アサの種を播くことをアサマキ(アサ播き)、タネをオロス(種を下ろす)、タネヒネリ(種捻り)などという。これは、3月下旬から4月上旬の晴天の日で、畑の土の表面は乾いているが、中は湿っているくらいの時がよいとされる。鹿沼市では春彼岸の中日のころ、栃木市では4月3日の神武様の祭り、壬生町では神武様または清明(4月5、6日)の前後に行なった。また、鹿沼市永野では、「苧播き桜」が開花するころが播種の目安となっている。

播種に適した日は限られており、また畝立て、播種、肥やしかけ、土かけと一連の作業が行なわれることから多くの人手を要した。そのために、田植と同様にユイ(結)とかイイッコと称する共同作業で行なわれた。

大正時代の中頃までは、手で種を播いていた。ウネタテ(畝立て)やサクヒキ、カッサビなどで畝を立ててから、枡などに入れた種を親指、人差し指、中指、薬指の4本の指でつまみ、よじりながら播いた。適量を均等に播くことは難しく、熟練者が行なった。種の量は畑1反歩(約10ａ)につき4升が目安とされたが、痩せた土地では、播種の量をウスク(少なく)してアサの成長を促し、反対に肥沃な土地では、播種の量をアツク(多く)して育ちすぎを抑えた。播種の量は、収量に大きく関係するので、家長が判断する。

明治時代に発明されたハシュキ(播種器)、あるいはアサマキキカイ(麻まき器械)と呼ばれるアサ専用の種まき器が普及するにつれて、アサの播種は器械で行なうようになった。播種器は、種を入れる箱と箱を引っ張る柄からなり、箱には放射状に突起のついた鉄製の車輪と溝を穿つ爪が付いている。播種器に種を入れ、柄を引きながら後ずさりすると畝と溝が作られ、箱の中に入れた種が、ローラーに開けられた穴にはまり、それらが車輪と連動して回転することで、一定の間隔で種が1粒ずつ下に落ちていく。１８８２(明治15)年に現在の口粟野村(現鹿沼市粟野)の中枝《なかつえ》武雄が発明し、その後に実用化されると、野州麻の生産地に広く普及した。

播種器による播種　畝立ても同時に行なえる

播種器を使うことで、畝立てと播種が一度にでき、しかも誰が使っても、一定の間隔で種を播くことができるようになった。これ1台で15人から20人分の作業量に匹敵するといわれ、アサの大量生産を可能にした。中枝武雄の播種器は、その後も泉田栄太郎や鮎田治作らに受け継がれたが、両者は1条播きを2条播きに改良、さらに箱の大きさや車輪の径、爪の数を変えるなど、地域の実情に応じて、柔軟に対応した。一方、農家の側でも播種器の種を受けるくぼみを蝋で埋めて種が落ちる間隔を広げるなど、畑の地力に応じて播種の量を調整した。

野州麻の生産地では、現在も播種器を使用してアサの播種を行なっている。

●施肥散し(タイヒチラシ)

播種が終わると、タイヒチラシ(堆肥散し)を行なう。この際にまく麻肥は堆肥と金肥を配合したものである。家長が播種の直前に畑ごとに作っておき、籠や桶に入れるか、テゴと呼ばれるワラで編んだ容器に入れて、荷車やリヤカーで、もしくはショイバシゴ(背負梯子)にくくりつけて背負って畑まで運んだ。

テゴを用いたコヤシカケ　テゴという入れ物を使う

畑ではテゴを小脇に抱え、あるいは腰に紐を付けてテゴにかけ、麻肥を一掴みしては、種の上にまき散らす。テゴは、径約40㎝、高さ約35㎝程のワラで編んだ籠で、農閑期に編んでおく。これを麻肥で満杯にしてから、堆肥散しを行なう。畑の地力にもよるが、1反当たり35～80個分のテゴ(麻肥)を必要とした。その際に、どの農家でも数十個ほどのテゴは用意しておくが、それだけでは間に合わないので、結仲間がテゴを持ち寄って作業を行なった。そのため、テゴの底には、どの家のものかを区別できるように家印(目印)が付いている。これとは別に、麻肥をテゴからケツミザルに移し替えて、堆肥散しを行なう人もいる。ケツミザルは、径約50㎝、高さ約20㎝程の竹製の笊に丁度よく曲がった枝で柄を付けたものである。最後に、畝の高まりを足で払い、種の上に土をかけていく。この作業をツチカケ(土かけ)という。

●中耕(アサカキ・アササクリ)——除草と土寄せ

アサは種を播いてから10～15日程で発芽する。中耕は、アサの成長を促すために行なう畝間の除草と土寄せの作業で、土を用具で掻くように起こすことから、アサカキ(麻掻き)、アササクリなどと呼ばれている。これは、播種後20日程たった4月中旬ごろから行なう。1～2回、丁寧な人は3回行なう。

麻の中耕　播種から20日、40日くらいを目安に行なう

このうち、1回目の中耕は、イチバンガキ(一番掻き)といい、アサの丈が4、5㎝になったころに行なう。昭和20年代ごろまでは、一本爪のカッサビの柄を持ち、後ずさりしながら土を掻いていたが、その後、畝の幅に合わせて複数の竹製や鉄製の爪が付いたアササクリ(麻さくり)、サクヒキなどの用具を用いて行なうようになった。

一番掻きから2週間程が過ぎ、アサの丈が10～15㎝になったころに行なう中耕をニバンガキ(二番掻き)という。成長したアサに合わせて、一番掻きで使用したものより爪の部分が長い用具を使用する。通常は、複数の用具を使い分けるが、柄の先端部の上下に長さの異なる爪を取り付けて、一本の用具で中耕を行なう人もいる。また、柄に取っ手を付けたり、取っ手に付けた麻縄を腰にかけたりするなどの工夫も見られる。より深く土を掻きたい場合は、用具に重石をつけた。

3回目の中耕をする場合は、アサの丈が膝ぐらいの高さになったころに行なう。中耕に合わせて、アサスグリ(麻すぐり)を行なう。クズやオクレといわれる成長の遅れたアサを引き抜く間引きの作業で、引き抜いたアサは、そのまま畝間に寝かせておく。これは、収穫期にかけて何回か行なう。

●収穫(アサヌキ)——7月下旬～8月上旬

アサの収穫は、梅雨が明けた7月下旬から8月上旬までのよく晴れた日に行なう。このころ、アサは２３０㎝程の背丈に成長している。作業は、アサヌキ(麻抜き)から始まり、ネキリ(根切り)、ハブチ(葉打ち)、ナマソマルキ(生麻まるき)までが連続して行なわれる。日中は炎天下での作業となり、かなりの重労働である。

麻抜きは、両手で一掴み(おおよそ5、6本)のアサの茎を握り、引き抜く作業である。その際に、同じくらいの丈のアサを選んで引き抜く。他県には、根元を鎌で刈り取る事例も見られるが、アサの茎や根は腐りにくく、残しておくと、その後の耕作に手間がかかるので、野州麻の生産地では、引き抜く方法がとられている。根についた土は、よく払い落として、根のほう

アサヌキ(麻抜き)　根から抜いて収穫

ネキリ(根切り)　根の部分を切り落とす

アサの裁断

ハブチ(葉打ち)　茎の葉を落とす

ナマソマルキ　アサを直径30cmに結束する

をX字状に交差させて、積み重ねておく。これをツカ(塚)という。

次にアサキリボウチョウ(麻切り包丁)と呼ばれる刃渡り50cmほどの直刀状の用具を用いて、根と葉を切り落とす。右手に麻切り包丁、左手にアサの束を持ち、まずアサの根を切落とし(根切り)、次いで葉を削ぎ落とす(葉打ち)。近年は、コンバインを改造した機械や刈払機で、アサの根元を切断する人もいるが、その場合でも、葉を削ぎ落す時は麻切り包丁を使用する。

根切りと葉打ちが終わり、茎だけの状態になったアサをナマソ(生麻)という。生麻は、大人が抱えられる直径30cmほどの束にして、根元を揃え、縛ってまとめる。この作業を生麻まるきという。その束にシャクゴ(尺ご)を当て、オシギリ(押し切り)で規格の長さである6尺5寸(約197cm)、下駄の鼻緒の芯縄として出荷する場合は、7尺~7尺2寸(約212~218cm)になるように先端の方を切り落とす。

●精麻にするまで——収穫した茎から繊維を取り出す

【湯かけ】

収穫したアサは、その日のうちに熱湯に浸ける。この作業をユカケ(湯かけ)という。この作業は、アサの収穫が終わる午後3時ごろから夜にかけて行なわれる。

大量の水を必要とするため、用水堀が近くにあるような水回りのよい場所にカマバ(釜場)を設け、そこにアサブロ・テッポウオケ(麻風呂・鉄砲桶)と呼ばれる直径80cm、高さ130cmほどの大型の桶を固定する。中には、テッポウガマ(鉄砲釜)を据えつけて、薪を入れて火をおこし、桶に入れた水を沸かす。沸騰してきたら、はじめに束にしたアサの根元を湯に浸け、

湯かけ

1～2分ほどしたらひっくり返して、先を同じく1～2分ほど湯に浸ける。アサは湯に浸けることで、鮮やかな緑色になる。湯かけは、皮の組織を熱湯で傷めることで乾燥を早め、皮の色を白くするために行なうものとされる。また、湯かけが終わったアサを十分に乾燥させることで、長期保存が可能になり、その後の作業が楽になる。湯かけの具合によって、製品である精麻の品質が左右されるので、野州麻を作る上で、極めて重要な工程である。真夏の夜、釜の筒からたなびく炎と煙は、この地方の夏の風物詩であった。

これと別に、ヨコガマ(横釜)と呼ばれる長さ2mほどの鉄製の容器に、束にしたアサを寝かせて煮る方法も見られた。皮麻を作る場合は、40分ほど煮てから表皮を剥いで、天日で乾燥させる。皮麻は畳糸や菰の経糸の原料として出荷された。

【麻干し】

湯かけをしたアサは、翌日の朝から3日ほど天日で干す。これをアサホシ(麻干し)という。風通しのよい河原や家の前、アサを抜いた畑などを干し場とし、地面に着かない様に丸太や竹を敷いた上にアサを広げる。昼ごろに表裏を返して、夜は軒下に取り込むか、その場に立てて莚などで覆い、翌日にまた広げた。雨に当たると、黒い斑点ができて品質が落ちてしまうので、降りそうな時はすばやく取り込んだ。近所で助け合い、外で遊んでいる子どもたちも駆けつけて取り込むのを手伝った。近年は、ビニールハウスの中に干すことで、雨露の心配はなくなった。

麻干し。ビニールハウスを活用した

アサは天日で干すことで、緑色から白茶色に変化する。十分に干しあがったアサは、母屋の天井裏など乾燥した場所に保管しておく。干したアサは、キソという。

【床臥せ(トコブセ)】

アサの茎の皮を剥ぎやすくさせるために行なう工程である。はじめに、木製もしくはコンクリート製のオブネ(麻槽)に水を張り、その中にキソの束をくぐらせて一回転させる。この作業をトコマワシ(床回し)という。次に水にひたしたキソの束を莚の上に重ね、その上に濡れた莚や菰を被せて、二晩、三晩寝かせて発酵させる。

発酵には、適度な温度と湿度が必要で、温度が低いとうまく発酵しない。逆に高いと腐ってしまう。発酵を促すために、再度床回しを行なうこともある。また、気温や湿度が低い時は、莚や菰を幾重にもかけて寝かせた。通常は盆前から行ない、10月末までには終える。そして、春になって暖かくなったら再び行なう。発酵が行き届いた状態をニエル（煮える）というが、よく煮えた麻は触ると少し暖かく、なめらかでつるつるとしている。逆に発酵が足りないと、光沢のない「ミズッパゲ」の状態になる。この見極めには、長年の経験を必要とした。

床まわし。アサブネに水を入れ麻をひたす

麻はぎ。皮を剥ぐ

【麻剥ぎ（アサハギ）】

アサの茎から皮を剥ぎ取る作業で「オハギ」ともいう。アサが十分に発酵したら簀子の上に広げ、茎の径が1㎝ぐらいのものなら2、3本、それよりも細ければ5、6本のアサを掴み取り、根元から10㎝ぐらいの所を折って、そこから皮を剥いでいく。皮は「の」の字になるように重ねておく。剥いだ皮は、きれいな水で湿らせてから、柵などに掛け、軽く水を切る。

野州麻の生産地では、この作業は男性が行なった。皮を剥いだ後に残る芯の部分はオガラといい、建築材や火薬の原料などに用いられる。

【麻引き（オヒキ）】

発酵して柔らかくなった皮からカスを削り取り、繊維を取り出す作業である。もとは、手作業で行なっていたが、昭和40年代になって機械が導入されると、機械でアサを引くようになった。

手でアサを引いていた頃は、麻引き箱、麻引き台、ヒキゴなどを使用した。母屋の板の間や畳を上げた座敷の

麻引き（アサヒキ）のようす。再現したもの

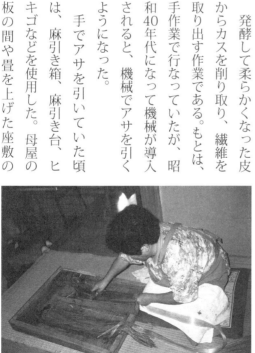

中、縁側などに、麻引き箱を置き、その縁に斜めにかけるようにして麻引き台を設置する。剥いだアサを台の前方の突起にかけ、鉄製のヒキゴでカスをしごきとった。取り除いたカスはオアカ（麻垢）などと呼ばれ、麻引き箱の片隅に寄せておき、ある程度たまったら水で洗って繊維を取りだした。この仕事は、子どもの小遣い稼ぎとなった。

麻引きは、皮を剥いで1時間ほど過ぎたころが最も作業に適している。そして、2時間を過ぎるとアサが白く変色してしまい、良い製品にはならない。麻引きは時間との戦いであり、家族だけでは間に合わないので、人手を雇って行なった。一般に麻引きの仕事量は1人当たり12把（1把とは床臥せの時の1束）とされ、10～12把引けて一人前とされた。しかし、熟練した人になると20把ぐらい引けたという。

その後、電動の麻引き機械が導入されると、作業時間の短縮と作業の軽減がはかられた。この作業は、2人1組で行なう。1人が機械の前に座り、剥いだアサを1枚ずつ銅版の上に貼るようにしておいてペダルを踏むと、回転する銅版と上部のヒキゴの刃との間にアサが挟まれるので、もう1人が銅版の回転にあわせてゆっくりとアサを引き出す。中央から半分ずつに分けて引いていく。ペダルの踏み具合が、きつすぎると繊維が傷み、ゆるいと麻垢が繊維に残ってしまう。また、2人の呼吸が大切で、慣れないと良質な精麻は作れない。

機械による麻引き　麻引き作業の負担の軽減につながった

【精麻干し】

麻引きが終わったアサは、オカケザオ（麻掛け竿）に掛けて、母屋の茶の間や座敷に3～4日、長い場合で10日ほど乾燥させる。この作業を精麻干し、またはオカケ（麻掛け）という。その際に、同じぐらいの品質の精麻をまとめ、出荷に備える。

【荷造り・出荷】

アサが乾燥したら、重さを計測し、規格の形に結わえる。かつて、アサの結束の単位は、４００匁（約１・５kg）に定められ、専用の秤で計測してから島田髷の形になるように結わえた。こうしたことから、この４００匁の束は、シマダ（島田）と呼ばれる。さらに、島田10束をまとめて結束し、

麻干し　乾燥具合を見る

重さ4貫目(約15kg)の束にしたものを1把という。1把は俗にサンゼンサッパといわれ、精麻3000枚から成るといわれている。

●種子の採取――麻種(オタネ)

アサの種子は、油に加工された。また鳥の餌や食用として利用された。大麻取締法制定以降、栃木県では、次年度以降の種を得るためにのみ、アサの種子を採る。

かつては、畑の周囲で育った成長し過ぎたアサを、10月まで残しておき、そこから種を採った。こうしたアサをホトリアサ(辺麻)という。そして、できた種はオタネ(麻種)と呼ばれる。

①採種用のアサ

②乾燥したアサをフルウチボウで脱穀

現在は、専用の畑で作られている。6月初旬ごろ種を播き、10月ぐらいに花が咲いて、花粉がある程度飛散したら雄株は刈り取り、種子がつく雌株だけ残しておく。

③叩いて麻種をふるう

収穫は10月後半の天気のよい日に行なう。種子が付いている先端を草刈り鎌などで刈り取って、十分に乾燥させてから、棒で叩いて種子を落とす。それを篩でふるい、唐箕にかけて種子とゴミとを選別する(①~④)。種子は乾燥させてから、足でよく揉んで薄皮を取り除く。種子は、ネズミの被害などにあわないように穀櫃などに入れて保管しておく。

(篠崎茂雄)

④唐箕で種子と殻を選別

コラム

描かれたアサ作り

湯かけ

■中枝武雄が作図した「大麻栽培用具並びに作業絵図」1905（明治38）年

鹿沼市口粟野の中枝《なかつえ》武雄が、アサ作りを農民に啓蒙すべく作成したもの。中枝は、播種器や鉄製のヒキゴを発明した人物としても知られている。隅には「明治38年8月中秋那須温泉云々にて写す」とあり、湯治先で描いたものであろう。

麻引き

■光信 筆「麻栄業図」1892（明治25）年　当時の麻問屋「佐渡屋」（栃木県鹿沼市）所蔵

絵の所有者は、当時「佐渡屋」の屋号で知られた栃木県鹿沼の肥料商兼麻問屋。「光信」の素性は不明だが、逗留の礼に描いたものと思われる。柄鍬による耕起から麻を束にするところまで、アサの生産の様子を29の場面に分けて描いている。農民の作業着に違和感を覚えるが、作業工程や道具は良く観察されており、資料的な価値は高い。

（篠﨑茂雄）

5章

部位別の利用法

大麻の茎を利用する
——精麻・皮麻・麻垢・麻幹

大麻の茎を利用する製品には、精麻《せいま》、皮麻《ひま》、麻垢《おあか》、麻幹《おがら》がある。戦前はそのすべてが取引の対象となり、余すところなく大麻は利用された。

代表的なものは精麻だが、良質な精麻ができない地域では皮麻も作られた。皮麻は収穫した大麻を熱湯で煮てから、皮を剥いで乾燥させたもので、表皮やゴム質(カス)が残っているため黄色味を帯びた緑色である。野州麻の産地では「ニハギ(煮剥ぎ)」とも呼ぶ。皮麻は菰の経糸《たていと》や畳糸などの原料となったほか、栃木市皆川地区の丈《じょう》間《ま》織《おり》の素材ともなった。ただ、皮麻は取引価格が安い上に、需要もなくなったため今日では特別な注文がない限り作られない。

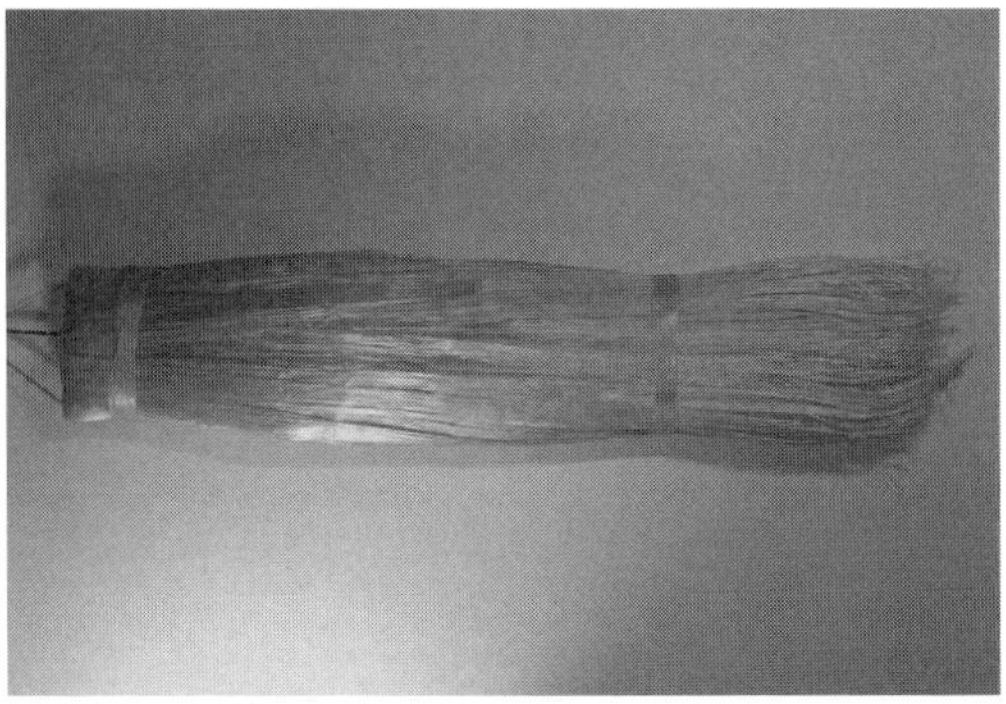
精麻(写真:栃木県立博物館)

麻垢は大麻の繊維を引いたときに出る繊維カスである。戦前は紙の原料となったので、流水でよく洗って乾燥させたものを荒物屋や仲買人が買い取っていた。

麻幹は、皮を剥いだ後に出る芯の部分で、昭和30年代までは懐炉灰の材料や屋根材として利用されていた。今は祭礼や縁起物に、あるいは花火の火薬の原料として利用されている。

大麻の実は、食用として七味唐辛子の素材に使われてきた。

皮麻(写真:栃木県立博物館)

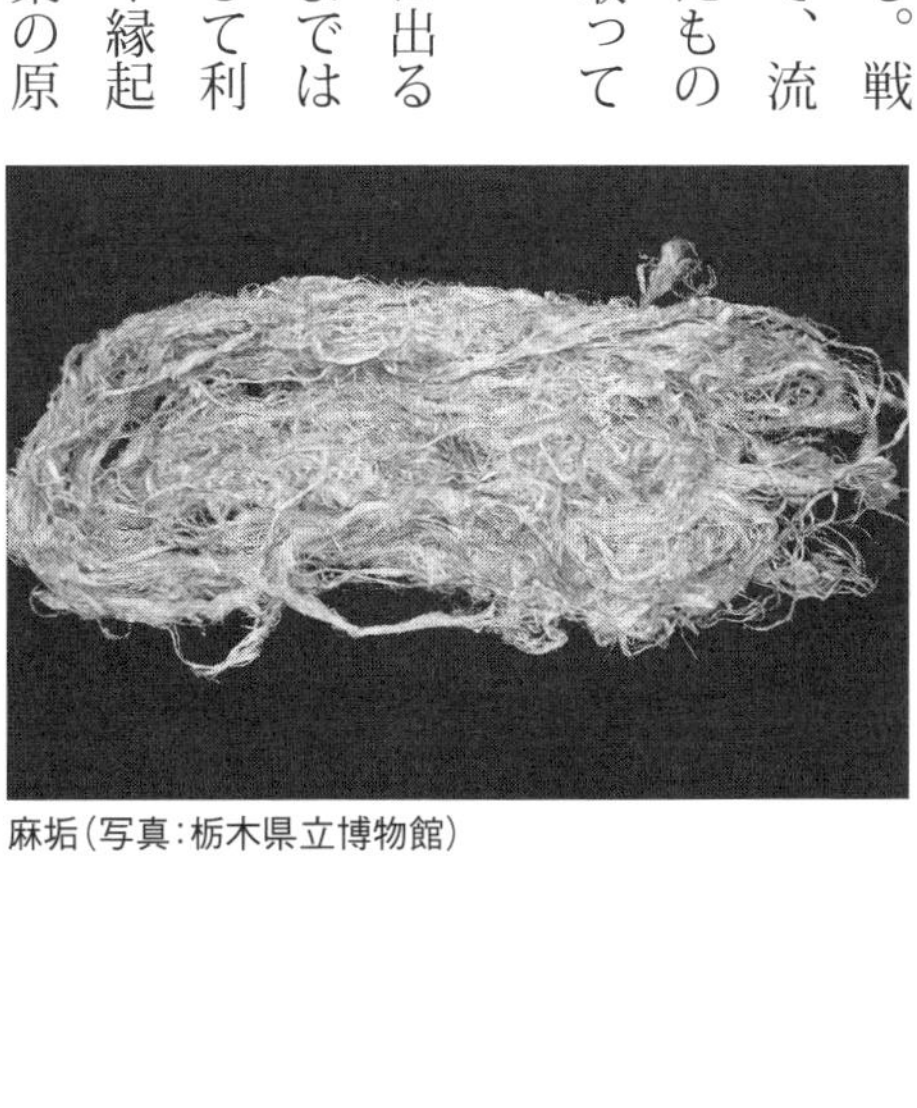
麻垢(写真:栃木県立博物館)

麻幹(写真:倉持正実)

精麻・皮麻——茎の靭皮繊維

●下駄の鼻緒の芯縄

大麻の利用で最も重要なものは、下駄の鼻緒の芯縄である。野州麻の場合も江戸時代には、江戸に出荷され、主に芯縄に加工された。繊維が強くて丈夫であるという大麻の性質に加え、野州麻ならではの色や光沢、しなやかさなどが評価され、江戸の大麻需要を野州麻が一手に担うようになる。

下駄鼻緒の芯縄（写真：栃木県立博物館）
下駄の鼻緒の芯縄にはマエツボ（前壷）と横緒の2種類がある。手前の短いほうが前壷で、足の指の間に入る鼻緒の部分になる。一方、奥の長いほうは横緒と呼ばれ、足の指から甲にかけての部分になる。写真は出荷用のもので、それぞれ500足分（1000本）ずつ結束されている

明治中期になると、芯縄の需要も増大し、野州麻の生産地に隣接した現在の栃木市や小山市の地域などでも芯縄が作られるようになる。それに伴って栃木や日光でも下駄の生産が盛んになり、栃木県は芯縄や下駄の生産地として知られるようになる。

昭和30年代になると化学繊維の普及と生活様式の変化により、芯縄の需要は少なくなるが、高級下駄を作る際には、いまでも野州麻は欠かせないものとなっている。

芯縄づくり
はじめに精麻を硫黄で蒸して漂白する。次に適当な長さに切り、手で撚る。写真はナエダイ（なえ台）の上で芯縄の横緒を作る様子（栃木市日の出町　1999年）

●糸や綱など

麻を利用して商業的に綱やロープが作られるようになったのは、江戸時代にさかのぼる。現在の愛知県蒲郡市形原では、浜松で行われる大凧揚げ用の凧糸を作っていた。浜松の大凧揚げは、永禄年間（1558〜70）に始まるといわれ、長男が生まれ

日光下駄(写真:栃木県立博物館)
栃木県日光市で作られている下駄で、栃木県伝統工芸品となっている。竹皮で編んだ草履表は、野州麻の糸で台に縫いつけている

下駄と鼻緒の芯縄(写真:倉持正実)

た家では端午の節句に祝い凧を揚げる風習が見られた。原料となる麻は、信州(長野県)から仕入れていたが、後に野州麻も使用されるようになる。

綱打ちの図①　精麻を裂いて、撚り合わせる前の綱(ヤン)を作る

綱打ちの図②　「ヤン」を撚り合わせて太い綱に仕上げる

蒲郡市にある中部繊維ロープ協同組合には、「綱打ちの図」が遺されているが、そこには、人力や簡単な器械を用いて、綱を作っている場面が描かれている。形原では、他にも大福帳の綴じ紐や岩糸、島田糸など、いわゆるホソモノと呼ばれる綱や紐を作っていたが、１８７４(明治７)年に小島喜八が「後去歯車式撚糸機」を、１９０５(明治38)年に市川善兵衛が「足踏式紡機」

を発明すると、農業や漁業の副業として綱作りを行うようになった。明治時代後期になると、鰤網やロープを作る工場が進出し、形原は日本有数の製綱の町として知られるようになった。

一方、野州麻の生産地でもある栃木市の川原田、野中、吹上などでは、明治時代後期ごろより、農閑期を利用した綱作りが行われるようになった。このうち川原田では、荷縄や荷馬車の綱など太くて長い綱を、野中では荷造り用の細くて長い綱が作られた。

【秩父祭の山車引き綱の製法】

次のページの写真は、埼玉県秩父市の秩父祭で曳き出される山車の引き綱を作る様子を写したものである。この綱を製作した栃木市野中町の渡辺家は、「糸屋」の屋号を持ち、少なくとも明治時代から農作業の合間に綱作りを行なっていた。

注文は、依頼主から直接に受ける場合もあれば、麻問屋や仲買人を経由して受ける場合もある。まず、依頼主から綱の太さと長さを聞き、使用する麻の量を割り出す。例えば、麻の取引単位である4貫目(約15kg)であれば、おおよそ太さ18㎜、長さ100mの綱ができる。依頼主によっては、ヤン(綱として撚りあわせる前の綱)の太さやピッチ(縄目)の数を指定することがあるが、そうした要望にも応えて、綱の製作が行なわれる。

はじめにヤントリキ、あるいはスピンナーと呼ばれる機械でヤンを作る。ヤンは精麻を撚り合せたものである。漏斗《じょうご》状に開いた一方の口に細く裂いた精麻を入れると、機械の回転によって繊維が結合し、一本の長いヤンになる。この機械からは、右撚りと左撚りのヤンを作ることができ、また太さも変えることができる。

綱は、何本かのヤンを左に撚り合せることで完成する。しかし、山車の引き綱のような太い綱を作る場合は、複数の細いヤンを撚り合せて、太いヤンを作ってから次の工程に入る。

この山車の引き綱は、3本のヤンを左に撚り合せたものである。撚りは、下撚り機と上撚り機を操作することでかける。まず、二つの撚り機を長く伸ばした3本のヤンの両側に置き、下撚り機の3本の爪にはヤンを1本ずつ、上撚り機の1本の爪には3本のヤンを一つに結んで固定する。そして、ピンと張った状態の下で、下撚り機のハンドルは時計回りに、上撚り機のハンドルは反時計回りに回転させる。すると、3本のヤンは1本にまとまりながら短くなっていくが、それに合わせて上撚り機を前進させて、下撚り機の方向に近づけていく。その際に上撚り機と下撚り機の間には、コマという木製の道具を入れておくが、これも上撚り機から下撚り機の方向に移動させる。コマの動きによって、綱の撚り具合やピッチが決まるので、この作業は慎重に行なう必要がある。最終的に、コマが下撚り機に到達すると3本のヤンは完全に撚り合わさり、1本の太い綱となる。

①ヤントリキに精麻を入れる(写真:栃木県立博物館)以下同じ

②複数の細いヤン(撚り合せる前の綱)を合わせて太いヤンを作る

③上の写真の手元を拡大した場面

④下撚り機で撚りをかける

⑤3本のヤンを1本の太い綱に撚りあげる

⑥完成した山車の綱

電柱工事用の命綱（写真：栃木県立博物館）

【手綱や命綱】

馬の手綱に使われるほか、命綱は引っ張り強度で綿の7～8倍、耐久性で4倍といわれ、強い繊維を必要とする部分に麻が用いられている。しかも、マニラ麻などの硬質繊維に比べ、手ざわりがよく、しなやかである。

【大相撲の横綱】

大相撲で使われる横綱は一種の注連縄である。注連縄とは、もともと不浄なものの侵入を禁じる印として張る縄である。その縄には聖なる神が宿るものとされて、それを締めることを許された力士もまた、内なる肉体に、特別な力が宿るものと解釈されたようである。神道の世界では、大麻は神様の印であり、穢れを払う神聖な植物として知られている。その大麻が横綱に使われるのもこうした神道の考え方と無縁ではない。

横綱（写真：栃木県立博物館）

○「横綱」を作る

横綱を作る作業を「綱打ち式」という。横綱は、横綱昇進時に東京場所（年に3回）の前に作られる。関取の体格に合わせて、精麻と晒し、銅線を使って編み上げていく。

横綱を作るには、関取の体格にもよるが、一本当たり8～20kgの大麻が必要となる。精麻を米ぬかでもんで柔らかくした後、中央部が太くなるように銅線を心棒にして大麻を巻き付け、その表面には、晒し木綿を巻き付ける。これを3本用意し、撚り合わせて横綱とする。

【神具や縁起物、弓弦、建築材、調緒ほか】

神社の神官がつける狩衣《かりぎぬ》、おはらい時に使用する御幣、鈴緒《すずお》に付ける綱などに利用される。

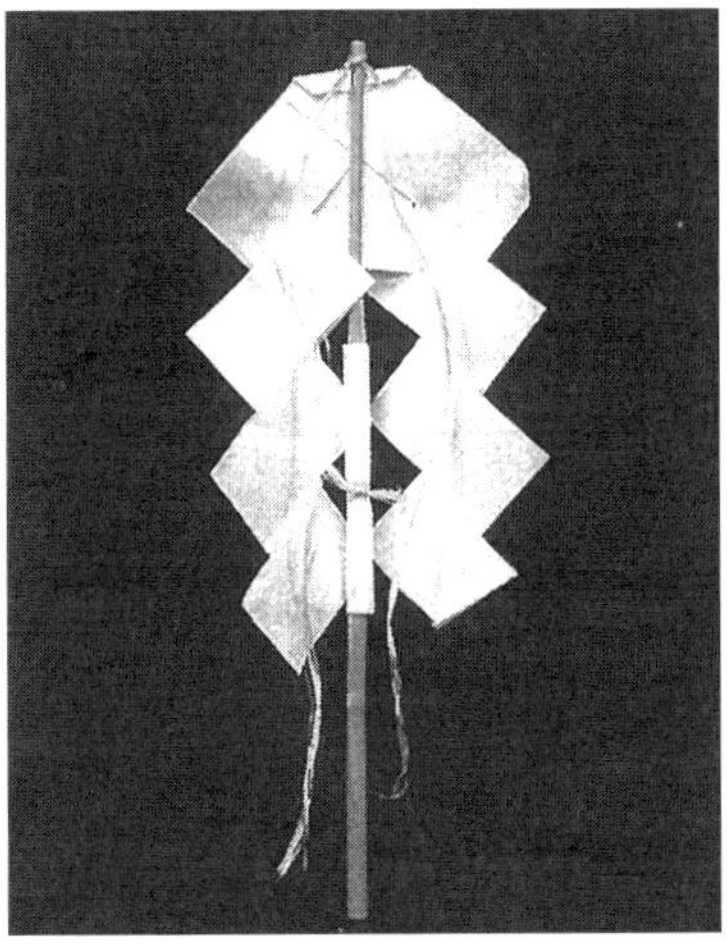
幣束（写真：栃木県立博物館）
神に祈りをささげるときに供えるもの。また、災厄などを祓う際にささげ持つものである。こうした神具には神聖なものとされた麻が使われる

縁起物では結納の際の共白髪《ともしらが》のほか、弓弦にも大麻を使う。今日、野州麻の需要で最も多

チリトンボ(手前)と尺トンボ(写真:栃木県立博物館)
チリトンボとは、精麻を適当な長さに切断し、先端に釘をつけたもの。壁の強度を上げるために、漆喰材に混ぜて使用する

弓弦(写真:栃木県立博物館)
精麻のなかでも繊維が強い最上級の麻で作られるのが弓弦

小鼓紐の「調緒」

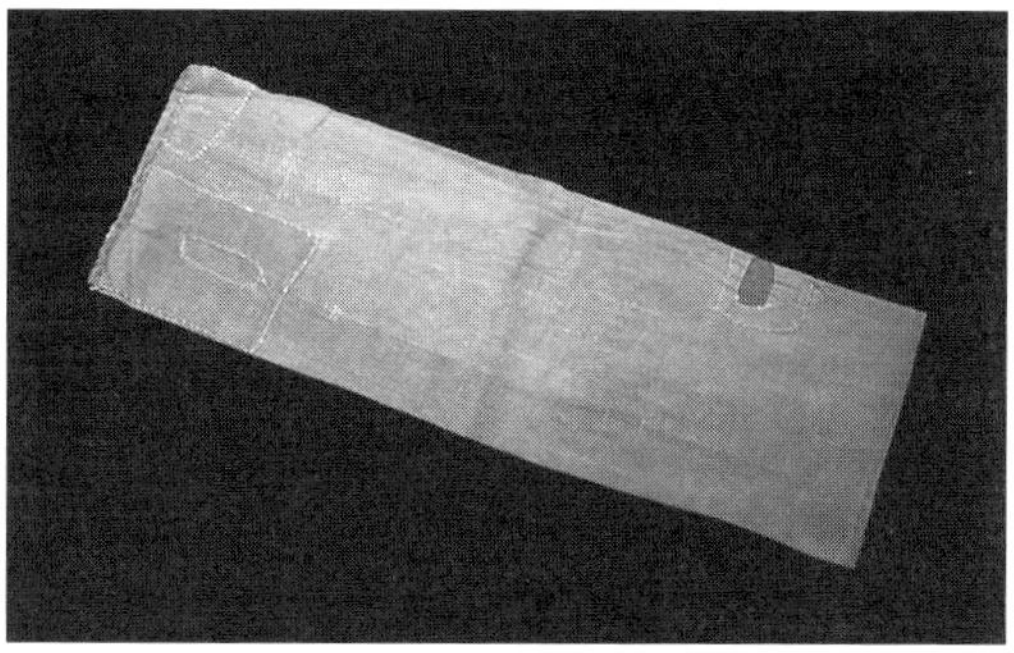

清酒のしぼり袋(写真:栃木県立博物館)

鈴緒(写真:栃木県立博物館)
神社で使われている大麻製の綱としては、注連縄のほか鈴緒がある。鈴緒は吊るした鈴を鳴らす綱であるが、神道では、麻の綱を介して神につながり鈴を鳴らして力をいただくものという意味があるといわれる。一礼二拍の後に鈴緒で鈴を鳴らす

いのは神事用である。これは各地の神社に納められ、注連縄や鈴緒、幣束などの神具に利用されている。また、破魔や潔斎《けっさい》に用いる縁起物や祭礼、結納の共白髪など日本人の生活にかかわりの深い部分でも大麻が用いられている。

そのほかにも建築材の一部(すさ・漆喰壁の補強材)にも麻が利用されているが、これは大麻の繊維の強さに関係している。

戦後は、マニラ麻や化学繊維などの普及により、野州麻を用いて糸や綱が作られることは少なくなったが、凧糸や山車の引き綱、鼓や太鼓の調緒《しらべお》(太鼓や鼓の胴に張られた2枚の皮を締め付け、それぞれの楽器にあった音色を出す役割をもつ紐。単に調《しらべ》ともいわれる)などはマニラ麻や化学繊維では代用が難しいために、現在でも野州麻で作られる。

【凧糸】

5月3〜5日に行なわれる浜松まつりの凧揚げ合戦で使用さ

昭和中期頃の魚網に使われた麻糸(写真:日立市郷土博物館蔵)

凧糸　静岡県浜松市や新潟県白根地区の凧上げ用の凧糸(写真:栃木県立博物館)

れる凧の糸にも野州麻が使われている。この地で凧が揚げられるようになったのは永禄年間(1558~70)といわれ400年以上の伝統がある。現在、浜松市ではこの祭りのために毎年100~150貫(375~562・5kg)の野州麻で凧を作っているという。

【畳の経糸】

皮麻を使うもので、広島県、岡山県で多用された。ほかに荷縄、撚り糸にも。

【漁網・釣り糸】

江戸中期から明治初期にかけて、鹿沼の問屋に集められた大麻の多くは、漁網や釣り糸の原料として、千葉県や茨城県の海岸地域に搬送された。なかでも銚子をはじめ九十九里浜一帯では、1700年代頃からイワシ漁が盛んになるのに伴って、野州麻の需要も増大した。江戸時代の様子は平野哲也の論文「江戸時代後期における鹿沼麻の流通」(「かぬま市史研究紀要」第6号)でその一端を垣間見ることができる。

明治後期になると、漁網の製造も近代化が進み、製網《せいもう》工場で作られるようになる。野州麻は神奈川県や愛知県などの工場に運ばれて、鮭の定置網や鰤網などに加工された。しかし、大正時代にマニラ麻が輸入されると、漁網の原料も安価で腐りにくいマニラ麻が使われるようになり、野州麻の漁網としての販路は縮小した。

それでも昭和30年代前半頃までは、茨城県の海岸地域のように野州麻で漁網を作っていた地域もあるが、その後普及してきた化学繊維には勝てず、現在は野州麻で漁網が作られることはほとんどなくなった。

左上の写真は茨城県日立市の久慈浜で使用されたもので、鮭を捕るときに使った網と思われる。一部に大麻が使用されている。

●衣類・織物としての利用

明治時代以前の麻織物の原料に大麻と苧麻がある。このうち量品糸がとれ、加工しやすいのは苧麻であり、上布など夏向きの高級織物の原料になった。それに対して大麻は、仕事着など

江戸時代後期における鹿沼麻の流通

――在村麻商人による麻と魚肥との相互流通

●麻作農村の仲買商人による産地直送

18世紀後半から(栃木県鹿沼地方の)麻作農村の仲買商人は九十九里浜へ行商に出かけるようになり、その動きは天保期(1830〜44年)以降さらに高まりをみせる。鹿沼地方は麻生産地であると同時に、麻作に多量の金肥を施さねばならない魚肥需要地域でもあった。他方、魚肥生産地の九十九里浜は、地引網漁に励むがゆえに、漁網原料として恒常的な麻需要を抱えていた。鹿沼地方と九十九里浜は、互いの産物が互いの必需品であるという相補的な関係にあり、江戸時代後期の双方の産業発展が、相互の産物需要をますます増大させるという相乗効果をもたらしていた。

そうした需給動向を見てとって、2つの産地をつなぎ、互いの生産物=商品の産地直送を推し進めたのが、麻作農村に生まれた仲買商人であった。彼らは、江戸問屋を頂点とする既成の流通機構を突き破り、新たに、需給関係に即応する直販流通のバイパスをきめ細かく築きあげていった。彼らの扱う麻荷の量は小規模であったが、小回りのよさを武器に需要地を自在に駆け回り、需要動向・価格変動にも機敏かつ的確に対応しつつ、より有利な販売先を見出すことができた。直接需要地に麻を持ち込めば、問屋口銭《こうせん》・蔵敷などの流通コストは大幅に軽減される。また、多数の仲買商人の自律的な商業活動は、生産現場には買い付け価格の値上げ競争、売り手には、麻販売の選択肢を拡大させる効果をもたらした。

さらに、九十九里浜へ麻売りに出た仲買商人は、帰り荷として魚肥を麻作農村に直移入した。そのため麻作農家も仲買商人の活動を強く支持した。こうした仲買商人の動きは、在

図A　鹿沼地方と常陸の交易関係

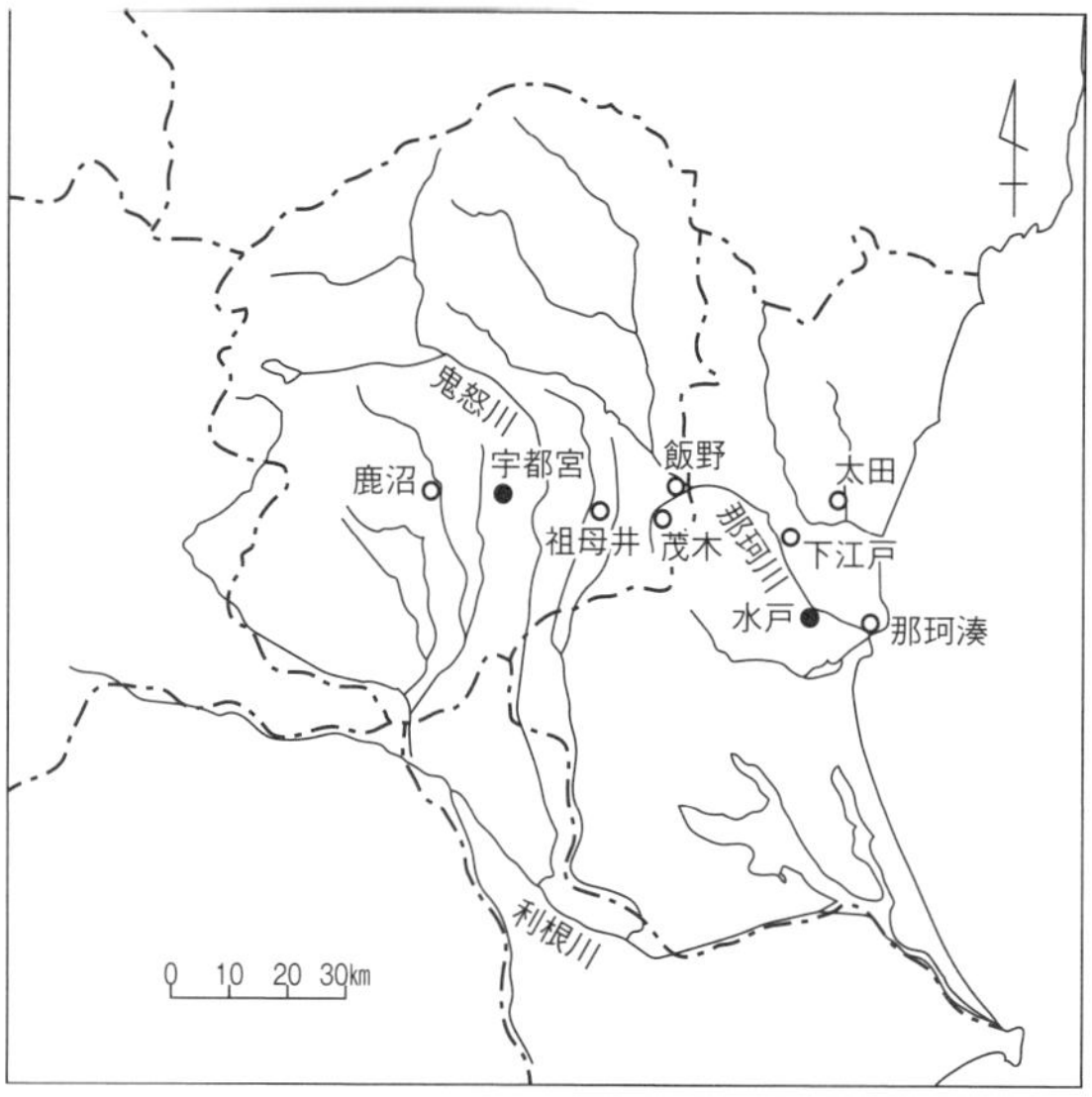

鹿沼の麻商は、思川・利根川水運で九十九里浜と結びつく一方で、芳賀郡の在郷商人と取引関係を持ち、下野中央部を東西に横切り(駄送)、那珂川舟運を使って常陸国海岸との麻―魚肥の交易を推進していった。新たな市場圏・流通圏を開拓していく在郷商人の意欲と連携のあり方は、注目すべきものである

町の麻問屋にも需要地との直接取引を志向させ、新興の麻商人の誕生を呼び起こすものであったと思われる。麻作地帯の仲買商人が行商に出る時期は、九十九里浜でも浜商人が台頭し、需要地に向けた魚肥の直販が進んでいた。幕末期には、浜方から麻作農村へ麻を直接買い付けに来る動きも起こっている。互いの地域で直接取引を望む声があり、それを受けた在村の仲買商人が新たな流通ルートの開拓者となることで、産地間の双方向的交易を実現し、麻作地域と魚肥生産地域の相互の産業発展を牽引し合ったのである(図A)。

●九十九里浜からの魚肥の直輸送

江戸時代後期、鹿沼麻が大量に使用され、麻作農村がその魚肥を必要とした九十九里浜において、鹿沼地方の行商人・出稼商人の動きに呼応するかのように、魚肥流通のあり方が変化している。

元禄期(1688~1704年)以降、それまで力を持っていた浦賀干鰯問屋を圧倒し、房総半島産干鰯の集荷・流通の中心的な担い手として江戸の干鰯問屋が勢力を増していた。江戸干鰯問屋は、その資金力を背景に、生産過程ないし流通過程に資金を投入し、漁獲物の集荷を確実にしたといわれている。地引網の操業には巨額の資金が必要だったため、江戸干鰯問屋は網主に資金や物資を前貸し、それによって干鰯を入荷独占する流通機構を作り上げた。干鰯の流通は、魚肥生産者→浜方干鰯商人→江戸干鰯問屋→在方干鰯商人→農民(需要者)という形で、江戸問屋のもとに系列化されていたのである。しかし、前貸制に基づく集荷強制の仕組みは、化政期(1804~30年)以降、解体の方向をたどってくる。その理由の一つが、全国各地での商品生産の盛行による干鰯需要の増大、干鰯市場の拡大にあった。鹿沼地方の麻生産の隆盛も、そうした流れの一つとして位置づけられる。

●浜商人の台頭による鹿沼直取引の成立

浜方では、干鰯需要の増大に反応して、流通の新たな担い手が登場してくる。

嘉永期(1848~53年)、江戸干鰯問屋の喜多村家が「殊に網方仕入候共干かニいたし江戸表江相送候事は稀ニ而、大方生いわしニ而粕焚商人江売払候間、網方江仕入致候共荷物引請之当ニは難相成、扨又網方ニ而干鰯ニいたし兼而可送遣約定荷物も地許ニ而買人有之砌《みぎり》は、直段高直故江戸表江積送候而は引合不申、地払割合宜敷ニ付売払候旨断来」として、九十九里浜の地引網主の不当性を憤っている。網主が、高値で売れる「地払」に殺到し、仕入れ金を前貸ししても、その分の荷物を送ってこず、集荷が滞ったのである。網主は、「地払」に比べて「格外安直ニ仕切」られる江戸問屋への送り荷を敬遠した。

この江戸問屋の苦境を引き起こしたのが、九十九里浜で干鰯を買い占める「粕焚商人」や地元「買人」の活躍であった。「粕焚商人」は、もともと特定の網主に付属して、〆粕・干鰯を加工生産し、網主への納入や問屋への販売に従事する網付商人・浜商人のことを指す。しかし、浜商人は、文政期（１８１８～30年）頃より、網主から自立し、魚肥流通の主体となりつつあった。幕末期には、足川村の網主で網付商人も兼ねた鈴木家が、魚肥を取り扱い、自ら上州へ赴いて売り歩き、銚子を訪れた野州足利（栃木県足利市）や上三川（栃木県上三川町）の商人に売却するなど、関東の内陸農村を相手に独自の取引を展開している。

こうした浜商人の台頭によって、江戸問屋を頂点とする流通機構は形骸化し、それにとらわれない新規の魚肥流通網が広範に形成された。鹿沼地方の農村でも、浜方からの魚肥の直接購入を求める者たちは、真っ先に浜商人のもとに走っていったと考えられる。19世紀前半には、鹿沼地方の行商人による麻販売・干鰯購入が活発化するが、彼らが九十九里浜で干鰯を直仕入できたのも、そこに浜商人が存在したからである。見方を変えれば、浜商人の活動を支える何よりの基盤が、魚肥直移入を望む需要地農村の期待にあり、その実現に向けて動き出した麻作農村の仲買商人・行商人の活動にあったといえる（〆粕・干鰯など魚肥の使用は、村内の一部有力者のみに限られたわけでなく、麻作農家一般に広く行き渡っていた。多肥を要する麻作には魚肥が不可欠で、麻生産地帯の百姓は、魚肥の安値を願い、その直輸入を強く望んでいた）。その意味で、鹿沼地方の在方麻商人の行商は、九十九里浜の浜商人の成長と連動し、相互に影響を及ぼし合う関係にあった。

●板荷村・福田弥右衛門の行商

１７７３（安永２）年に板荷《いたが》村（現在の鹿沼市板荷。黒川上流域の山間村落で、鹿沼地方を代表する麻産地の一つ。寛政４〈１７９２〉年当時田３町４反余、畑２３１町９反余、戸数は３７８戸、人口は１４１０人を数えた）の福田弥右衛門が九十九里浜へ麻商いに出かけた。10月20日に板荷村を出立した弥右衛門は、麻荷を壬生河岸まで駄送して思川舟運に乗り、渡良瀬川から利根川へ入った。それから関宿を経て、そのまま利根川を下り、小見川河岸で荷揚げし、11月10日に再び馬を雇って八日市場に向かっている。八日市場では、富谷町の鹿沼屋平八宅が弥右衛門の行動拠点となった。鹿沼屋平八は、その屋号から鹿沼出身者であったことを思わせ、そうでなくとも鹿沼地方の麻取引に密接にかかわる商人であったことが推測できる。九十九里浜の諸情報を鹿沼地方にもたらし、麻の行商人を宿泊させ彼らの信用を得て、取引の斡旋を行なう存在だったと思われる。江戸時代中後期、八日市場は鹿沼麻の生産・流通と密接な関係を持つ町場であった。

鹿沼屋を立った弥右衛門は、まず尾垂村の伊藤五郎左衛門・伊藤伊三郎の両名を訪ね、その後、尾形村に赴き海保義右衛門・海保兵右衛門・海保惣右衛門と会い、さらに蓮沼村蛭田の土屋伝左衛門のもとへ寄っている。それから、今泉村の小川重左衛門、野手村池端の土屋九兵衛・土屋忠蔵のところへ出かけ、ここでは「浜見物」も行なっている。これらが、弥右衛門が麻を売ろうとした相手である。史料で確認される限り、弥右衛門は21箇(7駄分)の麻を持ち込み、尾垂村の伊藤五郎左衛門と伊藤伊三郎に麻6箇ずつを売り、尾形村の海保義右衛門へは板荷東6箇を代金9両1分2朱で売ることができた。弥右衛門は、板荷村を出発する時点で、尾垂村の伊藤五郎左衛門・伊藤伊三郎、尾形村の海保義右衛門、蓮沼村の土屋伝左衛門、八日市場の鹿沼屋平八に風呂敷などの手土産を用意していた。これら5人が、以前から弥右衛門と継続的な取引関係を有する者たちであったことがうかがえる。また、弥右衛門は「此所ノ上村ニ成田と云町有、商人有之、下直ニ売候へ者買入有之候」といって、成田村へも出向いている。当初予定しなかった地でも、麻が売れそうだと知ると即座に商談に出かけて行ったのである(図B)。

(平野哲也)

図B　板荷村福田弥右衛門が行商に出た九十九里浜の村々

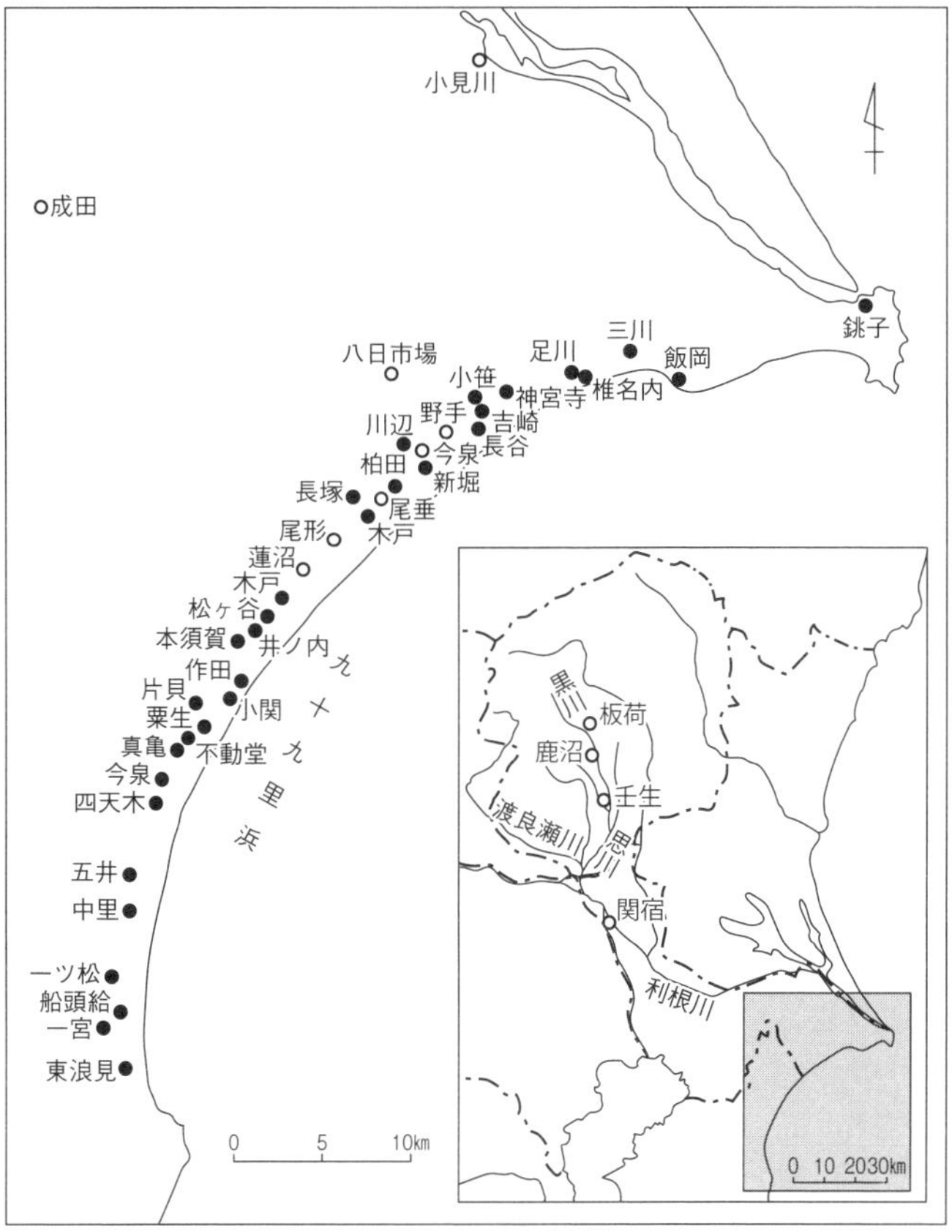

※安永2年「道中記」(鹿沼仲町・福田靖家文書)より作成
注:本図は付図の□の部分を拡大したものである
凡例:○は、弥右衛門が実際に麻売りに訪れた町。●は弥右衛門が「道中記」に地名を記した村。ほかに、「道中記」に記されているが所在の確認できない村に谷村・山柄村がある。九十九里浜村々の位置関係は、明治20年輯製20万分の1図「佐倉」に拠る

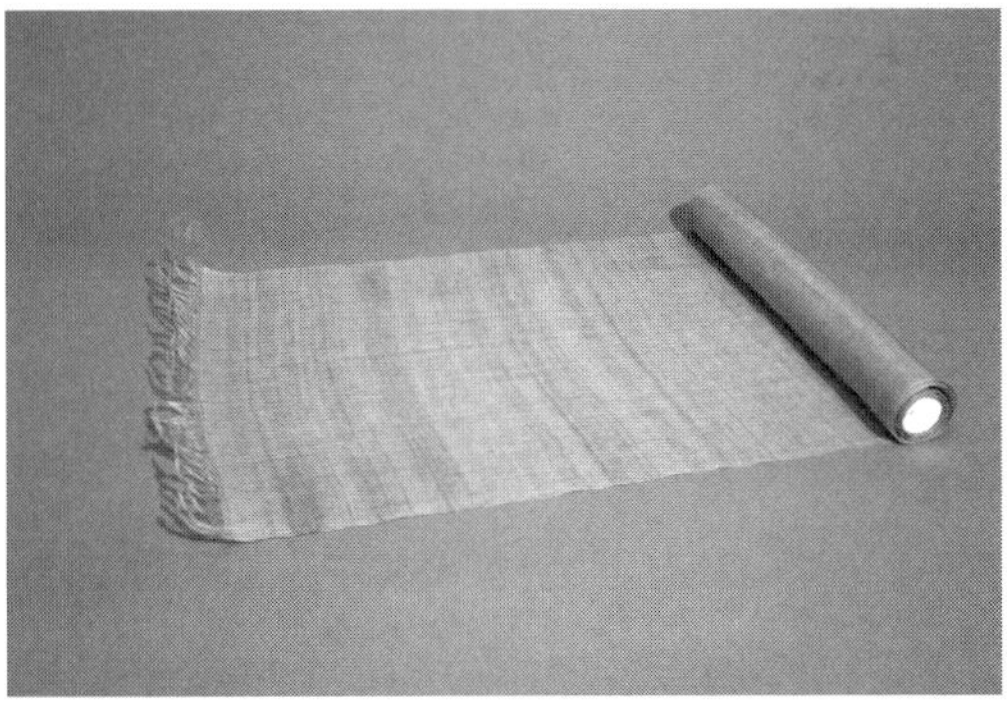

麻布「奈良晒」の生平（写真：栃木県立博物館）
通気性のよい夏服の高級衣料として知られる。写真は奈良県の奈良晒保存会が糸を績んでからその麻糸で織ったもの

麻糸（写真：栃木県立博物館）　手績みで作られたもの

図1　奈良晒の製作工程

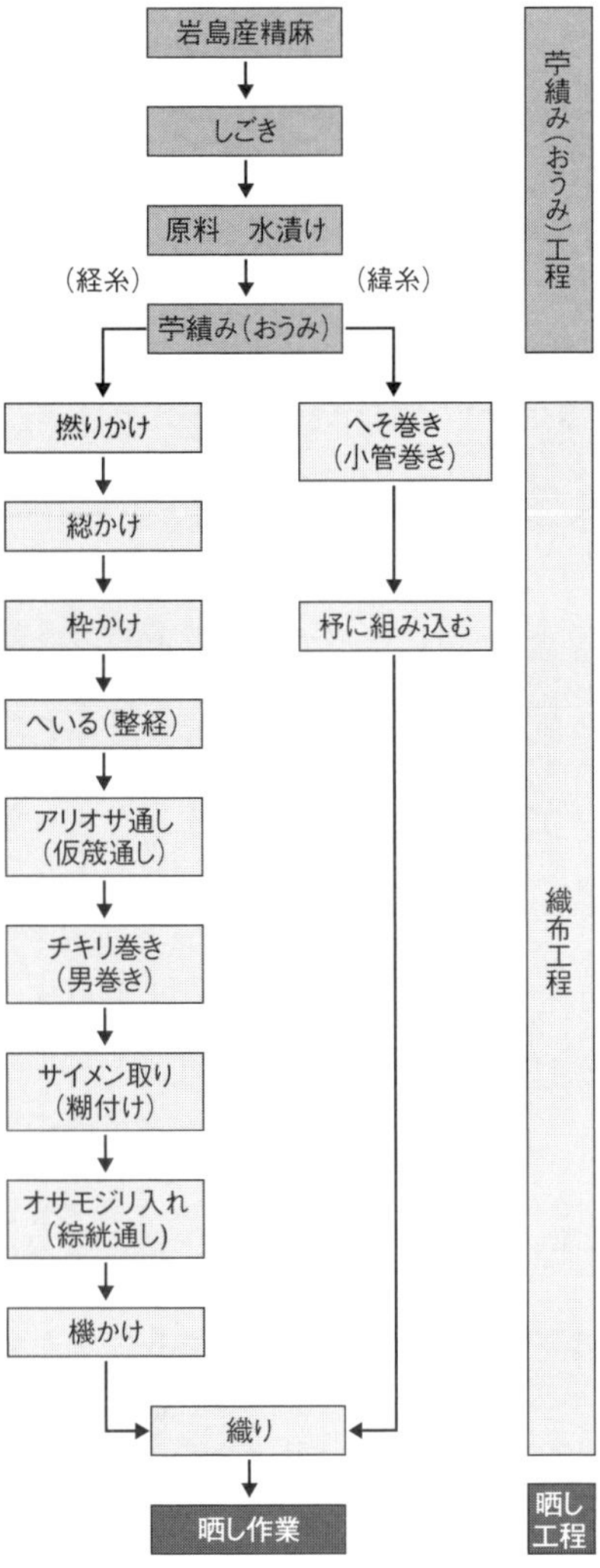

自給用の衣類の糸になった。

しかし、伝統や格式を重んじる世界では、大麻が用いられることが多く、天皇家が大嘗祭のときに献上する布や神御《かんみ》衣《そ》の荒妙《あらたえ》、武士の裃などは大麻で作られている。

その他、蚊帳や酒のしぼり袋、カケン（蒸し器に使う敷物）なども大麻で作られている。こうした利用が見られるのは、繊維が持つ強さに加え、通気や吸湿性・に優れていたからである。

【麻糸】

精麻から麻糸を作るには、精麻を細かく裂いて指先で均等の太さにつなぎ、経糸用、緯糸《よこいと》用に加工され機織機《はたおり》で布に織られた。

【織物——奈良晒と野州麻】

今日、野州麻から作られる織物に奈良晒《ならさらし》がある。奈良晒の起源は明らかではないが、1754（宝暦4）年の『日本山海名物図会』によれば「麻の最上は南都なり。近国より数々出れども染めて色よく、着て身にまとわず汗をはじく故に世に奈良晒」と紹介され、当時、極めて質の高い麻織物として知られていたことがわかる。

この奈良晒は従来、出羽（山形県）や、会津（福島県）から苧麻を仕入れて、手紡ぎで糸を績み織物としたが、明治後期頃から原料となる苧麻が少なくなったため、栃木県や群馬県などの大麻で織物を作るようになった。今日、奈良晒は神官や僧侶の衣料をはじめ、暖簾や茶道の茶巾などに加工されている。また、その反物は、毎年、伊勢神宮の御料として上納されている。

【奈良晒の製作工程】

奈良県の月ヶ瀬奈良晒保存会での奈良晒の工程を図1に示す。保存会では、群馬岩島産の精麻を仕入れて、糸に績んでから(苧績み)、経糸にするものには撚りをかけて綛糸にし、木枠に巻いて整経して必要な長さと本数を確保した後、アリオサ(仮筬)を通して経糸の配置順を決めてチキリ巻きで一反を織るに必要な長さを確保する。その後この経糸を切れないように糊付けして(サイメン取り)、オサモジリ入れ(綜絖《そうこう》通し)して、機《はた》にかける。一方、緯糸は苧績みの後、へそ巻きしたものを杼《ひ》(シャトル)に組み込む。高機《たかばた》で織って反物に仕上げる。このあと晒し工程を繰り返して白く仕上げる。

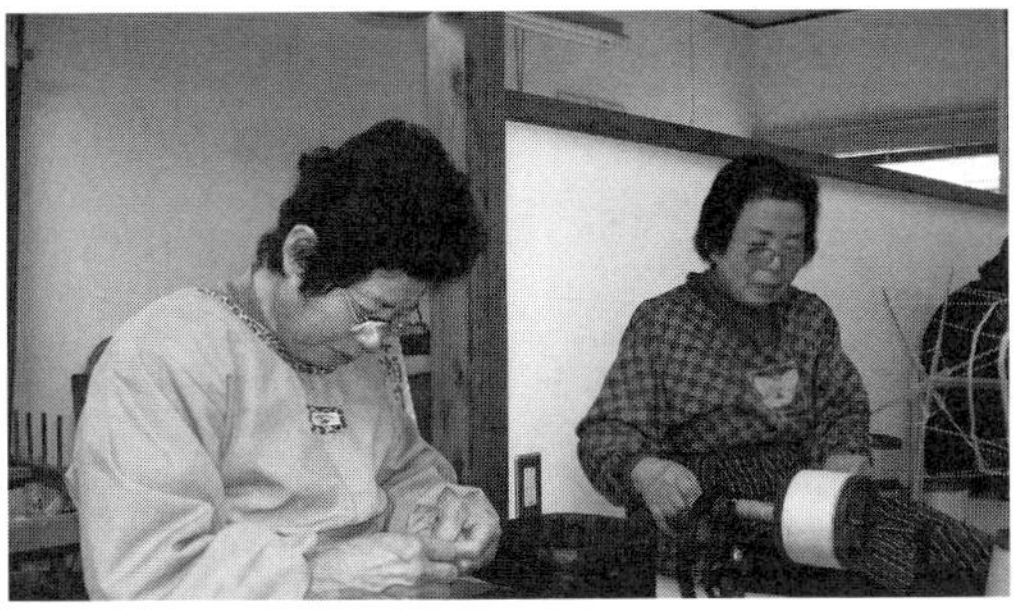

麻糸を績む(写真:栃木県立博物館)
均等の太さの糸を績んでつなぐのは、奈良晒の中でも最も難しい工程の一つである

高機で織る(写真:栃木県立博物館)
麻糸は切れやすいので、適度に湿気がないと織れない

【蚊帳の生地】

通気性に優れ、清涼感のある大麻は、蚊帳の原料に適している。かつて、農家では麻を栽培し、そこから糸を紡いで蚊帳を織っていた。その後、工場で大量生産されるようになるが、なかでも滋賀県長浜市などが産地として知られる。大正時代頃は野州麻の生産地からもその原料となる大麻が多数出荷された。

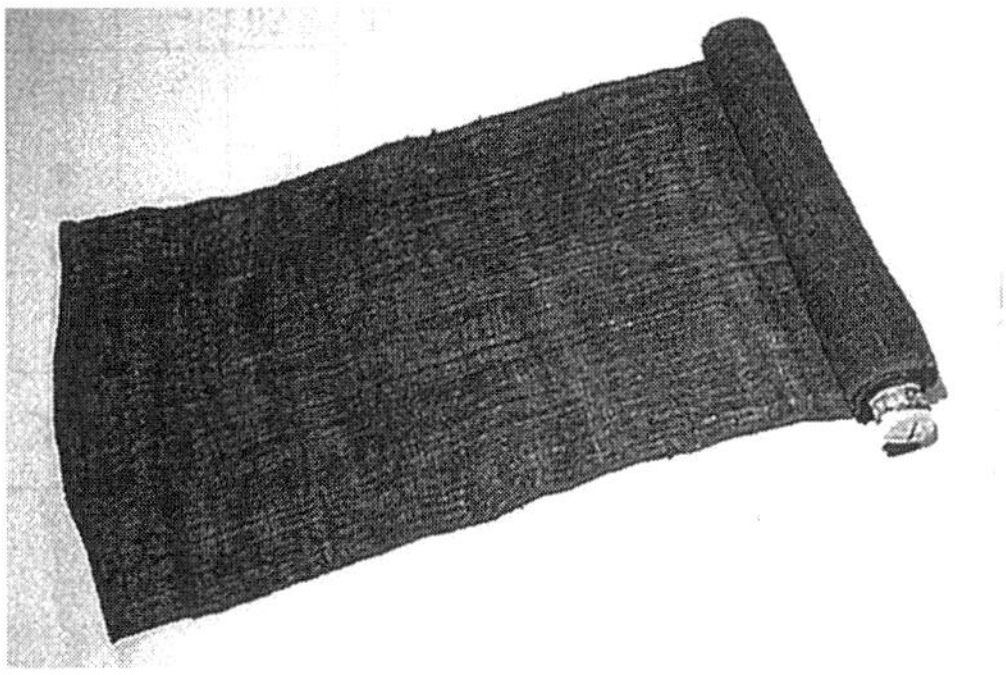

蚊帳の生地(写真:栃木県立博物館)

野州麻紙工房(栃木県鹿沼市)の作品と作業　(写真:栃木県立博物館)

●麻紙

野州麻の素材を生かして、新たな利用を試みている人もいる。大麻で紙を作るのもその一つ。大麻がもつ独特な色や質感を引き出して紙を漉き、それをインテリアの一部に用いることで、新たな大麻の魅力を提案している。

（篠崎茂雄）

●野州麻紙工房

【鹿沼市粟野地区と野州麻紙工房】

栃木県鹿沼市粟野地区（旧粟野町）は、栃木県の西側に位置し、足尾山麓に近い。一帯は砂利地で傾斜しており、夏の気温が冷涼なため、稲作には不向きだが、大麻の生産には大変適した土地である。昔から足尾山麓一帯で生産される大麻は「野州麻」と呼ばれ、とても上質の繊維がとれるので、全国各地に広く販売されていた。当町での大麻栽培は、４５０年前に大麻栽培が始まった頃のやり方を、できるだけ忠実に守っているため、１戸当たりの生産量にも限りがある。栽培者が少ないということは、一見有利であるかのようにみえる。ところが、生産量の激減により、かつては数多くいた仲買人や問屋の数の減少をまねき、本来大麻を使わなければいけない場所にも代用品が使用されたり、麻製品の使い手であるにもかかわらず大麻の存在すら知らないという人が増えたりなど、生産を取り巻く環境が悪化してきた。流通システムの崩壊である。今までは大麻という生産物と一緒に流れていた情報自体も、途絶えようとしている。

大麻にかかわる産業全体の衰退のなかで、代々大麻の栽培にたずさわってきた家に生まれた私自身、ある大麻の加工業者が「大麻が今でも日本で生産されているとは知らなかった」という一言にショックを受け、それがきっかけにもなって「今、情報発信をしなければ」と思い立って、加工業者や実際に使用する人たちとの積極的な交流と情報収集を開始したのである。しかし、ただ交流するだけでは、なかなか一般的に認知されるのは難しかった。

大麻を分類として分けると特殊工芸作物ということになる。その名の通り、なんらかの加工を経て社会に出る。加工が施されるために、その製品が直接大麻を原料としていることがわかるものは少ないのである。日本人なら一度は触れるであろう神社の「鈴縄」すら、大麻が原料であるというこ

麻紙のランプシェード（写真：倉持正実）

麻の壁紙と壁掛け(写真:倉持正実)

麻のストラップ(写真:倉持正実)

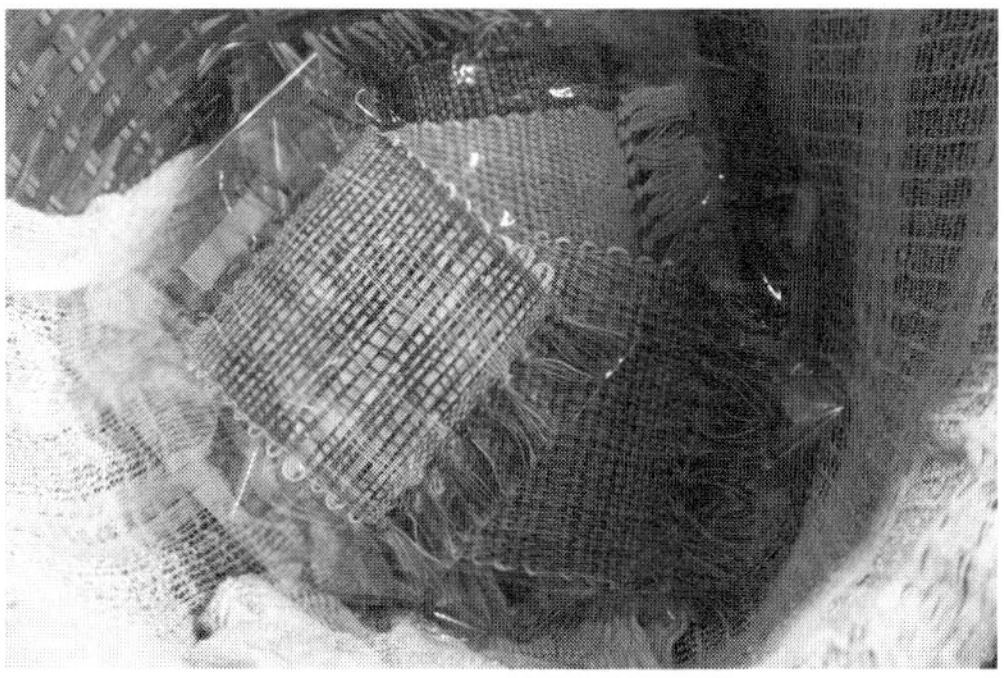
麻のコースター(写真:倉持正実)

とを知っている人は少ないようだ。

そこで思いついたのが、普段の生活のなかでもっとストレートに大麻を取り入れてもらうことだった。それにはインテリアとして、また生活用品として、もっと身近な形で大麻の加工品をつくり出すことである。こうして大麻の加工が始まった。

大麻は、とても強靭で、しなやかな繊維である。その繊維からできた紙は、真っ白ではなく独特の色と強さがある。また、加工によっては強くも薄くもなる。大麻は生長も早く、繊維量も多いため、加工法によっては、とても環境に優しい紙ができ上がる。こうした大麻の特徴を生かして、若い人にも、もっと大麻を利用してもらおうと考えて、妻の淳子が製作にあたっているのが大麻を使ったアクセサリーや大麻の草履《ぞうり》、大麻の葉柄の古布を使った小物である。近年はホテルの内装を大麻を使ってデザインすることも多くなっている。

【麻紙の製造】

○麻紙の原料

大麻の繊維を、わが家では先祖代々生産している。現在は、7代目の父を中心に、母、私、妻の４人で大麻を１・２ha栽培している。大麻は、3月下旬から4月の初旬に種を播き、2回の中耕を経て間引きをし、約１１０日で2〜２・５ｍにも生長し、7月上旬に収穫が始まる。10ａの面積で、約60kgの精麻が収穫できる。

大麻を収穫し束ねて押切りで長さを揃える。収穫した日のうちに沸騰した熱湯で煮る。

全体の収量は７００kg程度。そのなかの１５０kgほどが、工房での加工用になる。収穫した後、繊維を取り出す作業時に出る40kgの繊維のくず(麻垢《おあか》)も洗浄し、原料にする。だから、近隣の生産者の麻垢ももらいうけて洗浄し、原料に加工している。

また、紙にさまざまな特色をもたせるために、粟野の山に自生する植物の樹皮や根、雑草なども紙にはさむ材料として、採取して乾燥してストックする。さらに、麻紙の種類によってデザイン的に何割か入れる場合もある。大麻自体もそうだが、粟野のすばらしさに多くの人に触れてもらうために、麻紙製品の梱包の中に一緒に詰め込むといった工夫をこらす。こうした梱包時の詰め物も、粟野という地域の特色を打ち出す重要な素材にしたいと思っている。

図2　野州麻紙の製作工程

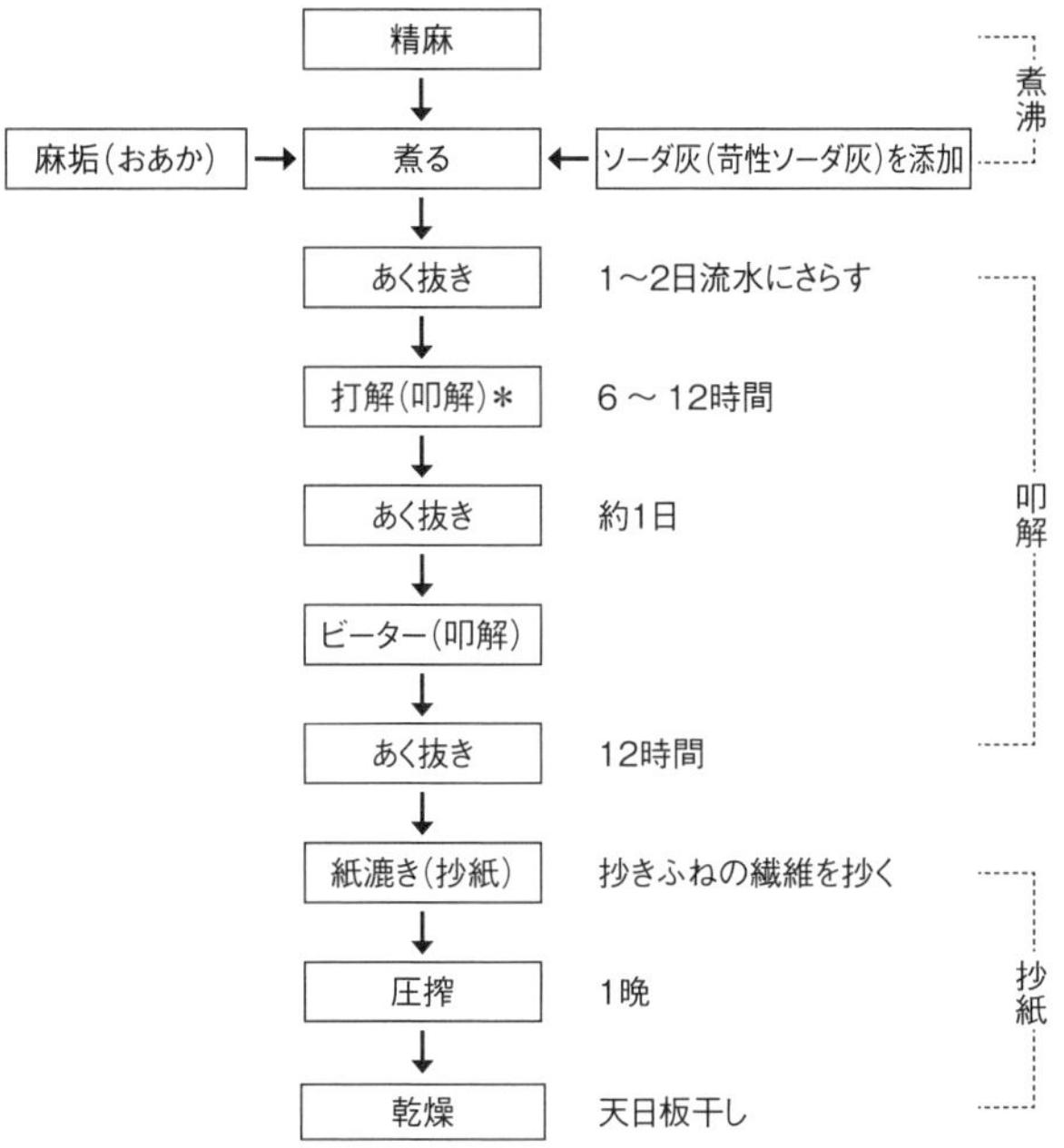

＊打解（叩解）とは、製紙工程のなかで煮たり、晒したりした後、さらに叩くことで、繊維のフィブリル化（毛羽立ち）をすすめ、接着がよく、引っ張りや破れに強い繊維にする工程。ビーターと呼ばれる専用機械を使う

○紙漉きの工程

製造工程を図2に示す。

大麻の長所である繊維の強さが、加工では問題となる。繊維が強すぎるということは、逆に材料処理するうえで手間がかかる。コウゾは、煮ることで繊維が柔らかくなるが、大麻の場合、通常の開放窯で得られる温度では、処理しきれない。ここで、重要となるのが、2つの作業、つまり打解作業であり、図にもあるような入念な「あく抜き」作業である。あくが残ると、あとでシミやカビの原因となりやすい。大麻の繊維ができれば、あとは通常の紙漉きの工程である。

紙漉き作業（写真：栃木県立博物館）

（大森芳紀）

●麻幹の利用

◇屋根材としての利用

「麻剥ぎ」で表面の繊維が剥ぎ取られた大麻の芯の部分を、「オガラ（オガラの表記は麻幹と麻楷、麻殻などがある。業界では麻殻としている）」という。精麻の副産物である麻幹は、かつて

は屋根葺きや懐炉灰の材料として盛んに利用された。

オガラ葺きの屋根で代表的な建築としては、鹿沼市北半田にある真言宗の古刹である医王寺の唐門《からもん》(栃木県指定有形文化財)がある。鬱蒼とした樹林に覆われている広大な境内に建てられており、入母屋《いりもや》造りで多彩な彫刻と彩色が施され、有名な日光東照宮の陽明門を思わせる美しい門である。オガラ(麻幹)で厚く葺いた屋根が特徴で、野州麻の歴史の重みを今に伝えている。

医王寺唐門の麻幹葺き屋根

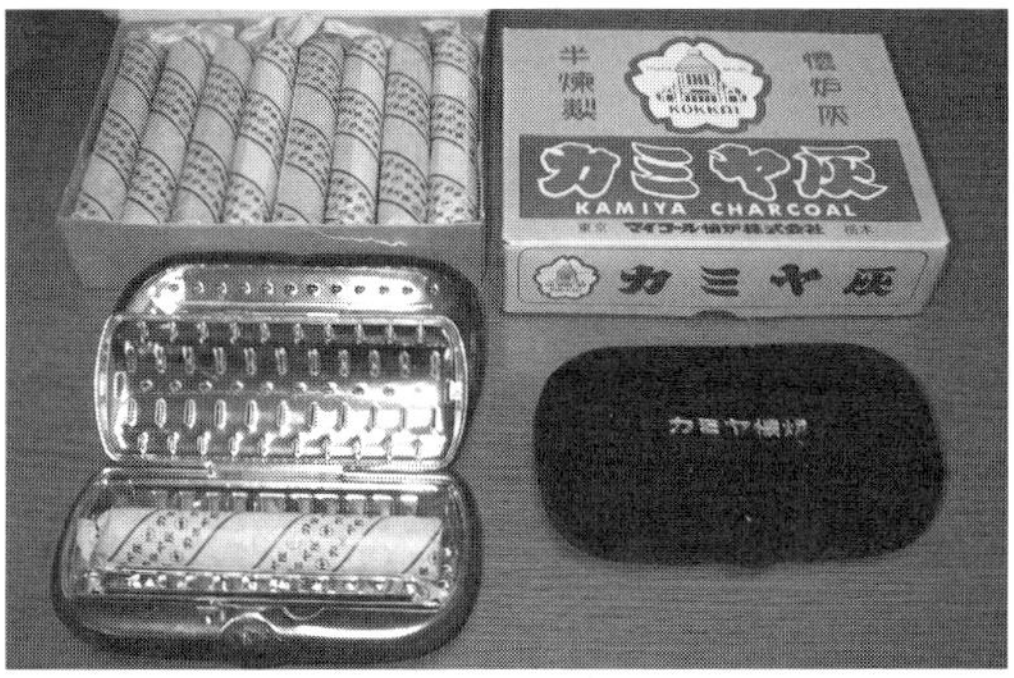

懐炉灰(上)と携帯用懐炉(マイコール株式会社製)

◇懐炉灰・花火など

懐炉《かいろ》は暖房用具の一つで、中に懐炉灰を入れ、これに火をつけて使う。その懐炉灰は麻幹から作られていた。麻幹は精麻を作るときに皮を剥ぎ取った残りの木質部で、大麻の皮を剥いだ茎のことである。白くまっすぐに伸びたものがよいとされ、懐炉灰のほかにも屋根材や雑具、盂蘭盆《うらぼん》の迎え火と送り火の松明《たいまつ》の材料や花火の火薬の原料として使われてきた。

【懐炉灰の製造】

「懐炉灰」とは、オガラを燃やして炭化させた灰を固め、携帯用懐炉の燃料としたものである。鉄粉を反応させて発熱させる現在の「使い捨てカイロ」が1975(昭和50)年頃に登場する以前は、懐炉灰が広く使われていた。

今では歴史から忘れられ当地の

戦前における原灰製造および懐炉灰製造工程
上左は懐炉灰製造で、詰灰工場での作業の様子、右は原料となる麻殻を農家から集荷して馬に引かせて搬送するところ。下左は野積みされた麻幹、右は麻幹を焼く原灰製造作業のようす(出典:『紙屋商店創業三十周年記念誌』より。紙屋商店は現在のマイコール株式会社)

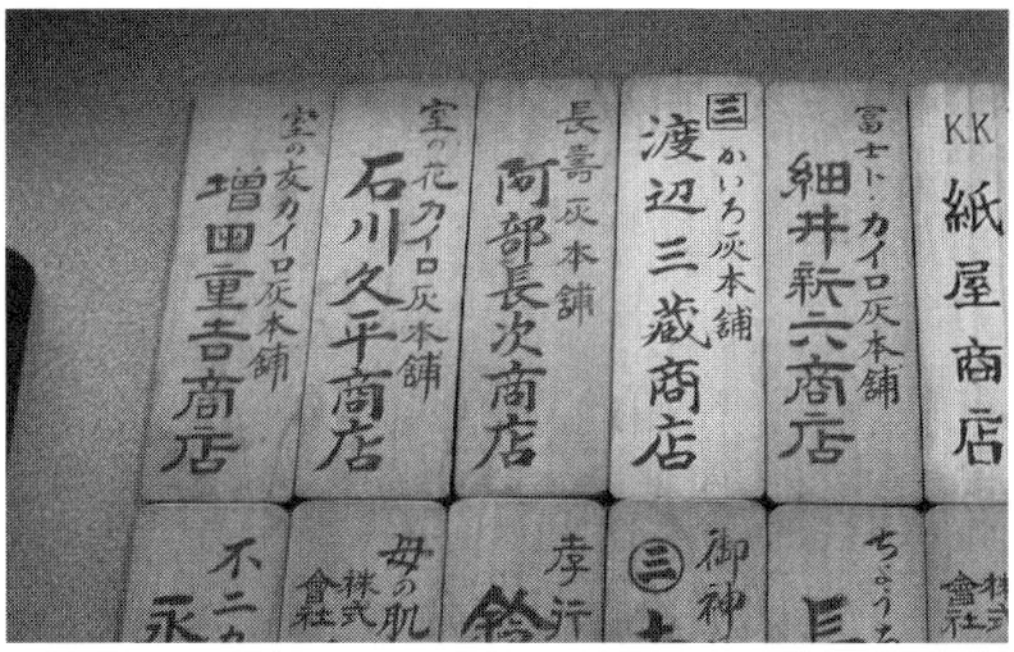

かつての栃木懐炉灰製造業組合員　「○○本舗」とあるのは、各メーカーのブランド名

人々ですら知る人が少なくなってしまったが、懐炉灰工業は戦前・戦後を通じて栃木県栃木市における一大地場産業で、日本一の生産量を誇り、製品は栃木駅に集められて貨車で全国へ出荷されたのである。

　懐炉灰工業は、大麻農家からオガラを集めて焼く「原灰《げんばい》業者」と、原灰業者から原灰を購入して懐炉灰を製造する「懐炉灰製造業者」、および両者を兼ねる業者から成った。最盛期、原灰業者は栃木市内および上都賀郡に約20軒、懐炉灰製造業者は市内に約15軒、関係業者を含めると約50軒に及んだという。戦前の1928(昭和3)年に制定された「栃木商工会議所定款」では、会議所を構成する議員のうち6人は地区内重要商工業一業種につき1名を選定することになっていたが、この「重要商工業者」とは①銀行業②麻芯縄製造業③懐炉灰製造業④肥料商⑤荒物卸商⑥米雑穀商の6種であり、このことは当時、いかに懐炉灰製造業者の羽振りがよかったかを示すものである。

　栃木で懐炉灰製造が始まったのは明治20年代である。この懐炉灰の発明者については諸説ある。『栃木郷土史』では、東京麻布の火薬製造長官だった山岡鉄舟(1836~88)が下都賀郡吹上村(現・栃木市野中町)を訪れ火薬原料の麻殻灰を買い付けた際、地元の根本ユキという少女が灰を分けてもらい1887(明治20)年に懐炉灰を発明したとされる。一方、『懐炉灰百年史』では、徳川幕府の煙硝係を勤めた根本喜太郎が発明し、1880(明治23)年頃に栃木に技術を伝えたとなっている。

　懐炉灰生産のピークは戦前の昭和10年代前半で、戦時中は労働力不足により生産が減少、戦後になって再び盛んになった。栃木市近郊の農村には原灰工場が点在し、風のない明け方にはオガラを焼く時に出る大量の白い煙が立ち上るのが栃木の冬の風物詩であった。

　しかし、1960(昭和35)年頃から白金触媒

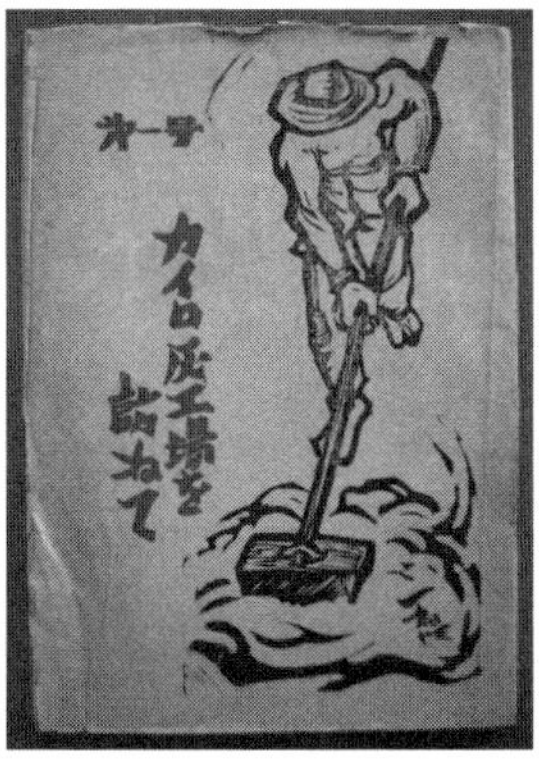

小口一郎「懐炉灰工場を訪ねて」(1958年)(大日山美術館蔵)栃木県出身の版画家小口一郎は、「野に叫ぶ人々」(1970年)などの作品で知られる

式懐炉（ハクキンカイロ）が出回り始め、１９７５（昭和50）年頃から使い捨て懐炉が普及したことで、懐炉灰の需要は激減した。また原料の大麻生産農家の減少により原料のオガラの大量調達が困難になったことや、栃木市近郊の農地が工場や住宅地等への転用開発が進み、製造時に大量の煙が発生する原灰工場の立地が困難になったこと、服も体も真っ黒になる原灰工場の労働環境から若年の就業者が集まりにくく高齢化が進んだことなどにより、原灰業者は年々廃業し減少の一途をたどった。それでも１９８５（昭和60）年頃には栃木市内に３軒の原灰業者が残っていたが、２００８（平成20）年頃には、栃木市吹上町の名《な》淵《ぶち》藤《とう》蔵《ぞう》氏（１９２７年生まれ）ただ一人となった。その名淵氏も２０１５（平成27）年には高齢により廃業した。廃業前に名淵氏に取材した製造工程を次ページの写真に示す。

大麻の葉をかたどったマイコール社章

一方懐炉灰製造業者も減少し、１９９８（平成10）年に細井新一郎氏（１９２０年生まれ）が廃業してから皆無となった。細井氏は56（昭和31年）年に鉄工業の大《お》阿《あ》久《く》邦松氏（１９２１年生まれ）と懐炉灰の袋詰め機械を発明し、業界の近代化に貢献した。また１９０４（明治37）年に原灰・懐炉灰製造業者として創業したマイコール株式会社（本社・栃木市皆川城内町）は、現在使い捨て懐炉のトップメーカーの一つであり、創業以来の伝統を記念して「麻の葉」が社章となっている。当社は創業百年を記念し、２００４（平成16）年に麻と懐炉灰に関する資料を展示する「マイコール記念館」を開設したが、残念ながら現在は閉館している。

栃木市の旧市街は伝統的建造物群保存地区に指定され、かつての繁栄を今に伝える「蔵の街」として知られる。東京から東武鉄道や東北自動車道で直結しているため、一年中多くの観光客が訪れる。しかし蔵の街栃木の繁栄が、麻および麻幹を原料とした懐炉灰によってもたらされたことを、訪れる観光客はもちろん栃木市民の多くが知らないのは、残念なことである。

（橋本　智）

写真で見る原灰の製造工程（協力：名淵藤蔵）

原灰製造は、主として冬の明け方に、風のない天候を見計らって行なわれた（２００３年11月撮影）

③原料の麻殻（オガラ）の束

④穴の中に麻殻を入れて点火する

⑤煙が立ち上るので風のない早朝に行なう

①大きな倉庫に蓄積された麻幹の山

⑥燃え具合を調整。周囲は非常に熱い

②麻殻を蒸し焼きにする穴

⑦水をかける頃合を見極める

⑧完全に燃えると灰になってしまうので、水をかけて蒸し焼きにする

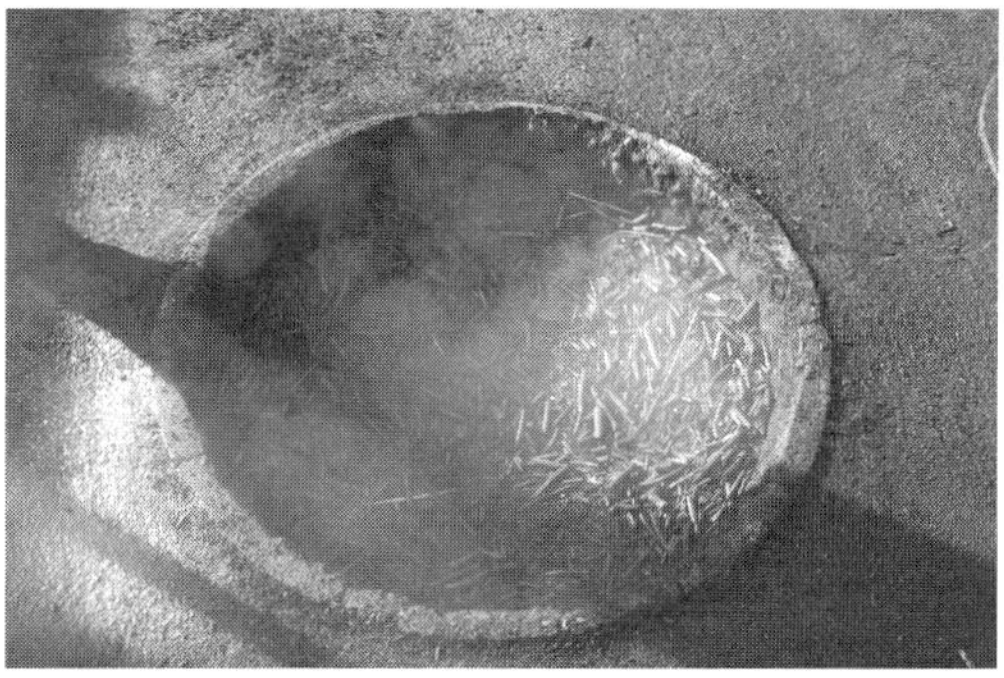

⑨炭化した麻殻。良質のものを作るにはかなりの熟練が必要

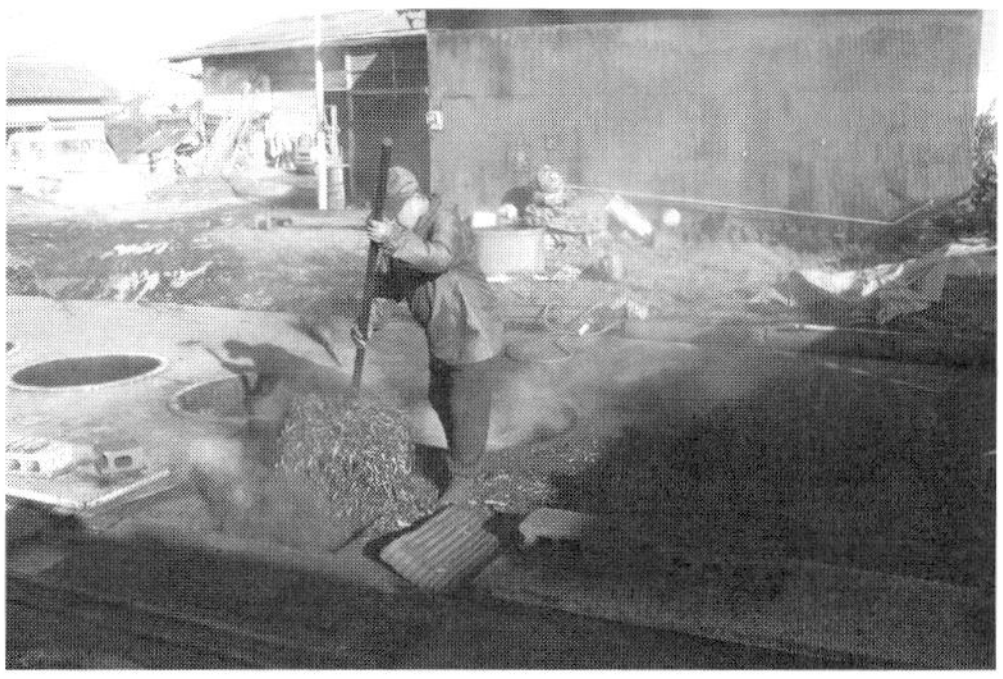

⑩炭化した麻殻を掻き出し、コンベアで原灰工場に運ぶ

⑪工場内で、フルイにかけて燃えカスを除去する

⑫巨大な石臼で時間をかけて粉砕する

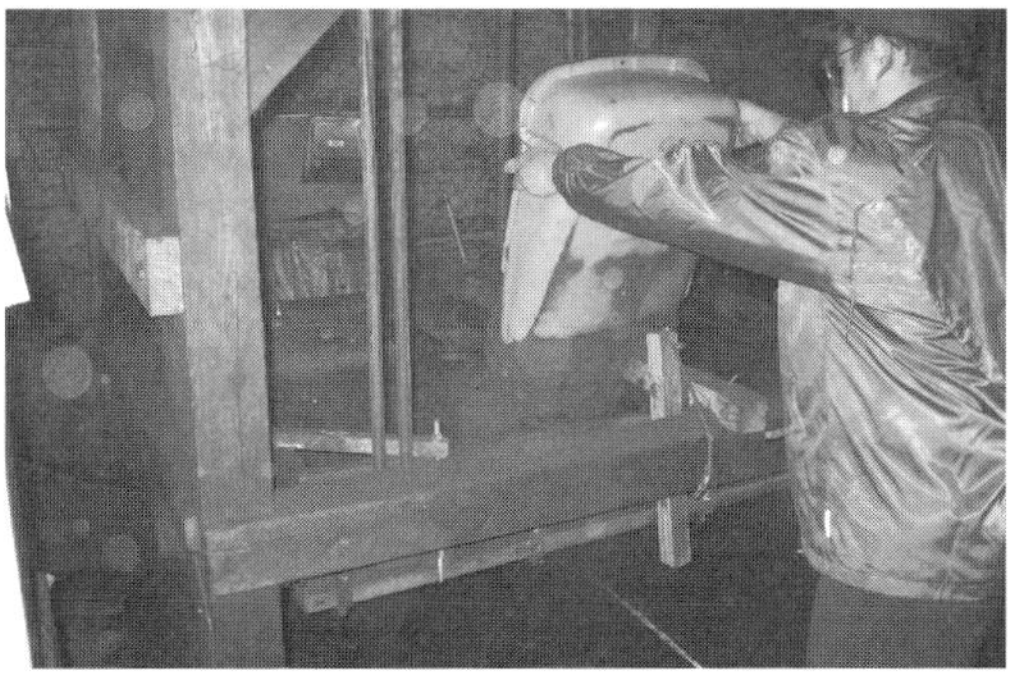

⑬さらに細かいフルイにかけて、粉末状にする

⑭完成した、出荷用段ボール箱に入れられた原灰

コラム　暮らしに根ざした「麻の葉」のデザイン

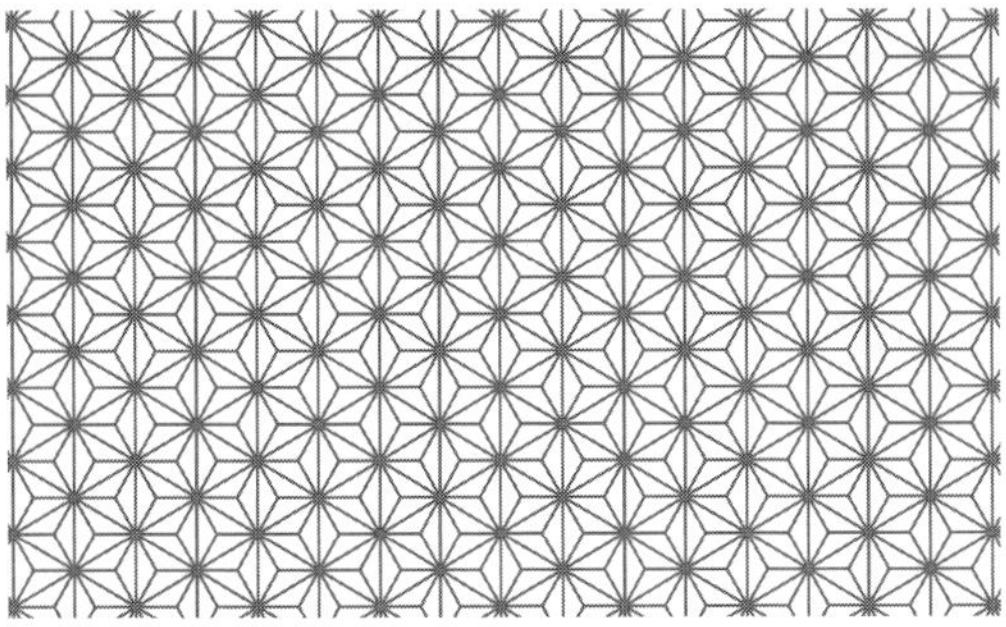
麻の葉模様（写真：大麻博物館、以下すべて）

大麻の畑

赤ん坊の産着：麻の葉模様は魔除け・厄除けの意味が込められていた

麻の葉模様は正六角形を重ねたデザインで、現在も根強い人気のある伝統的な和柄である。着物や和雑貨の他、乳児が麻のように丈夫に早く成長してほしいという願いを込め、赤ちゃんの産着の定番となっている。この模様は、アサの葉に似ていることから名付けられているが、その歴史的な経緯と現代的な広がりには、とても興味深いものがある。

麻の葉模様については、「農作物としての大麻」をテーマにした栃木県那須町にある大麻博物館の調査をまとめた『麻の葉模様』が詳細に解説している。この文献によると、麻の葉模様は、約800年前の鎌倉時代に日本で図柄が先に生まれ、名付けはその後の江戸時代頃であったと推定されている。

日本で現存する最古の麻の葉模様は、京都市の大報恩寺にある仏像（1219年頃製作）の着衣に見ることができる。仏像の着衣には、截金《きりかね》と呼ばれる薄く延ばした金やプラチナを細く切り、貼り付け、文様を表現する装飾技法に麻の葉模様を使っている（カラー口絵参照）。この仏像は、奈良の東大寺南大門の金剛力士像（国宝）を作った仏教彫刻家で、運慶とともに活躍した快慶の作品とされている。鎌倉および室町時代には、仏像だけでなく、浄土宗などの民間信仰を通じて、仏教の世界観を表した繍仏《しゅうぶつ》、曼荼羅《まんだら》、仏教絵画に麻の葉模様が描かれ、少しずつ広まっていったと考えられている。

仏教美術デザインの一つであった麻の葉模様は、江戸時代初期に着物の柄として初めて登場する。文献には、当時のファッション雑誌の小袖模様雛形本の中で最も古い『御ひいながた』(1666年)に小袖の柄として紹介され、江戸初期に活躍した浮世絵師の菱川師宣の『美人絵づくし』(1683年)にも麻の葉模様を着た女性が描かれている。この後、衣装模様として、江戸初期に一時的に流行していた麻の葉模様は、2人の歌舞伎役者によって爆発的に流行することになる。

元々、上方の歌舞伎役者であった五代目岩井半四郎は、1809年(文化6年)に、江戸の森田座での興行で、「其往昔《そのむかし》恋江戸染《こいのえどぞめ》」の一幕の中で「八百屋お七」のお七役を演じた際、衣装に麻の葉模様を取り入れた。このときの麻の葉模様は、浅葱色《あさぎいろ》(薄い藍色)を地色にし、直線ではなく、点線をつないだ鹿《か》の子《こ》絞りであった。これが当時の女性の半襟、袖、裾回し、帯などさまざまな場所に取り入れられ、人気を博したのである。

さらに同時期、上方の歌舞伎役者の嵐璃寛《あらしりかん》が「染模様妹背《そめもよういもせの》門松《かどまつ》」でお染を演じた際、幾度も衣装や帯を取り換えたが、必ず麻の葉模様で登場し、他の模様を使わなかったことから、京都や大阪で女性の間で流行を生んだ。

当時のファッションリーダーで、絶大な影響力のあった歌舞伎役者による麻の葉模様の流行は、着物等の衣類の柄だけでなく、本の表紙デザイン(麻の葉表紙本)、本の紐綴じ法(麻の葉綴じ)、刺繍(背紋飾り)、建具(組子細工の模様)、竹細工(麻の葉編み)、和紙(麻の葉透かし柄)、手毬(麻の葉柄)という多方面への展開が見られた。また、江戸後期に誕生した世界的に有名な浮世絵師の葛飾北斎は、麻の葉模様を『北斎漫画』(1814～78年)で紹介し　、さらに『新形小紋帳』(1824年)でさらに「松川麻の葉」「捻れ麻の葉」「八つ手麻の葉」などの12種類を描いてデザインを発展させたのである。

アサは、神道や仏教との関係が深い。神事では、神官のもつ御祓いの幣などに使われ、仏教では、お盆の迎え火、送り火で焚くオガラがアサの繊維を剥いだ後の茎である。これら

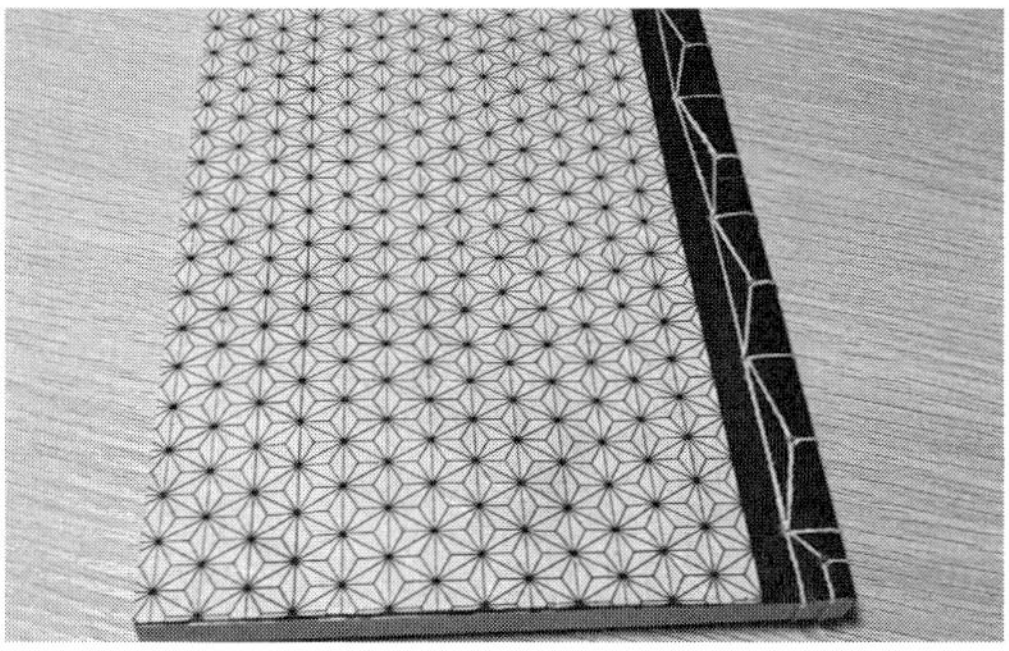
麻の葉表紙本と麻の葉綴じ

麻の葉模様の建具の組子細工

と同様に、麻の葉についても、毎年6月末に各地の神社で執り行なわれる茅《ち》の輪《わ》くぐり神事でお祓いの具として使われてきた歴史がある。その名残は、平安時代中期の歌人、和泉式部の歌「思ふ事皆つきねとて麻の葉をきりにきりても祓へつるかな」（意訳：6月の晦日、私の悩みが皆尽きてしまえと、麻の葉を細かく切りに切って御祓いした）という、茅の輪くぐり神事で今でも唱えられる歌に見られる。

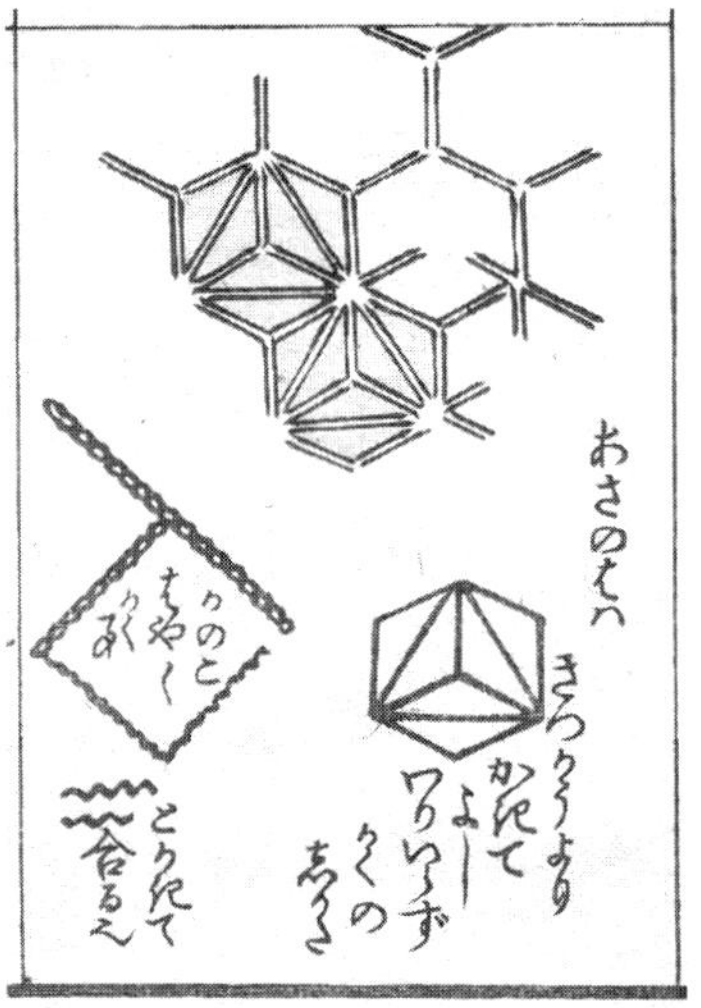

浮世絵師の葛飾北斎の描いた麻の葉模様。『北斎漫画』

また、赤ん坊の産着に使われるようになったのは、大乗仏教の一つである密教の「童子経法《どうじきょうほう》」と深い関係があると考えられている。童子経法とは、生まれたての赤ちゃんの保命長寿のための教えで、この童子経法の世界観を描いた曼荼羅に、麻の葉模様が見られる。おそらく、童子経法の教え、お祓い具としての麻の葉、産着の麻の葉模様がどこかのタイミングで結びつき、麻の葉模様が魔除けや厄除けの意味を持つようになったと考えられる。

麻の葉模様は、１９４８年の大麻取締法の規制以降、生活様式が変わり、化学繊維の普及に伴い、アサの需要が激減してしまった現代においても、色あせることなく、和柄の一つとして定着している。

例えば、飲料や食品のパッケージ、交通機関やインフラ、店舗デザイン、アパレルをはじめあらゆるところに用いられている。また、日本郵便が発行した「和の文様シリーズ第1弾」では、富士山とコラボレーションし、義務教育の中学数学や家庭科の教科書に取り上げられ、２０２０年に開催されるドバイ万博の日本館の外装は麻の葉模様と発表されている。さらに、インスタグラムなどのＳＮＳ上では、「ａｓａｎｏｈａ」という名で海外からの投稿も数多くあるなど、国内外を問わず広がりを見せている。海外からの観光客が増え、日本文化の魅力が注目される中で、麻の葉模様は日本らしさにつながる生活工芸デザインとして認識されているといえよう。

（赤星栄志）

引用・参考文献一覧

青森県史編さん民俗部会　２００１年『青森県史　民俗編　資料　南部』　青森県

赤星栄志　２００６年『ヘンプ読本』　築地書館

赤星栄志　２０１３年「麻商品の輸入の現状とポイント」『農業経営者』２１２、40—42

赤星栄志　２０１４年「日本で麻農業をはじめよう—新たな麻栽培の試み—」『農業経営者』２１５、48—49

荒牧繁一郎、富安温子、吉村英敏、塚元久雄　１９６８年「大麻草の裁判化学的研究Ⅱ：大麻成分検出法の実際鑑定への応用(1)」『衛生化学』14(5)、２６２—２６５

粟野町教育委員会　１９８３年『粟野町誌　粟野の民俗』　粟野町

上野和義他　１９９７年『繊維のおはなし』　日本規格協会

植村立郎　１９９２年『大麻取締法、注解特別刑法５—Ⅱ医事・薬事編(2)』　青林書院

大分県教育委員会　１９６５年『大分県文化財調査報告書第11集　大分県の民俗』　大分県教育委員会

置田雅昭　２００７年「山陰型甑土師器の天地」『古事　天理大学考古学・民俗研究室紀要』第11冊　天理大学考古学・民俗研究室

鴛海文彦　１９４０年『大麻ノ栽培』　朝鮮繊維協會

落合一憲　１９９３年「栃木県における大麻栽培の推移」『宇都宮地理学年報』(11)　宇都宮大学地理学教室

開田村教育委員会　１９７３年『木曽の麻衣』　開田村教育委員会

角川日本地名大辞典編纂委員会　１９８６年　『角川日本地名大辞典　36　徳島県』　角川書店

鹿沼市史編さん委員会　２００１年『鹿沼市史　民俗編』　鹿沼市

金巻鎮雄　１９７７年『旭川文庫２　北海道屯田兵絵物語』　旭川兵村記念館

蒲郡市史編纂委員会　１９７４年『蒲郡市史』　蒲郡市教育委員会

からむし工芸博物館　２００１年『苧』　からむし工芸博物館

同　２００６年『奈良晒と原料展』　からむし工芸博物館

同　２０１３年『会津のからむし　生産用具及び製品』　からむし工芸博物館

川井村教育委員会　２００３年　『平成14年度国指定重要有形民俗文化財　北上山地川井村の山村生活用具コレクション』　川井村教育委員会

川井村文化財調査委員会　２０００年　『川井村民俗誌　民具編—図説・民具とその周辺—』　川井村教育委員会

菅家博昭　２０１８年『生活工芸双書　苧』　農文協

岐阜県歴史資料館　２０００年『岐阜県所在民具目録　館蔵民具選』第２集　岐阜県歴史資料館

木村康一監修　１９３２年『國譯本草綱目　第7冊』　春陽堂

木村ゆかり　１９８５年「栃木市の大麻栽培について」『地理実地調査報告第21集　栃木地区』　宇都宮大学教育学部地理学教室

京都府立丹後郷土資料館　１９９５年『日本海の裂き織り』　京都府立丹後郷土資料館

近世麻布研究所編　２００７年『高宮布』　滋賀県麻織物工業協同組合・近世麻布研究会

工藤雄一郎・小林真生子・百原新・能城修一・中村俊夫・沖津進・柳澤清一・岡本東三　２００９年「千葉県沖ノ島遺跡から出土した縄文時代早期のアサ果実」『植生史研究』(16)１

工藤雄一郎編　２０１４年『ここまでわかった！縄文人の植物利用』　新泉社

工藤雄一郎・一木絵里　２０１４年「縄文時代のアサ出土例集成」『国立歴史民俗博物館研究報告』（１８７）

國木田大・吉田邦夫　２００７年「AMS法による^{14}C年代測定」『菖蒲塚貝塚平成18年度発掘調査』　由利本荘市教育委員会

黒崎かな子　２０１１年「無毒大麻「とちぎしろ」の開発」『公衆衛生』75(1)、69—71

群馬県教育委員会　１９７８年『群馬県無形文化財緊急調査報告書　岩島の麻』　群馬県教育委員会

厚生労働省医薬食品局監視指・麻薬対策課　２０１６年『麻薬・覚醒剤行政の概況』　厚生労働省

小谷るみ　２００７年「久留米絣を支える「粗苧」を守る」『月刊染織α』２００７年３月　染織と生活社

小林博彦　１９８５年『下野の地場産業』　栃木県連合教育会

桜田一郎　１９７８年『繊維の化学』　三共出版

佐々木長生　２０１６年「『会津農書』にみる麻の栽培と民俗」『下野民俗』　下野民俗研究会

篠崎茂雄　２０００年「製綱業からみた野州麻の隆盛」『下野民俗』(40)　下野民俗研究会

篠崎茂雄　２００７年「野州麻に関する生産・加工用具」『民具研究』（１３５）　日本民具学会

篠崎茂雄　２０１０年「野州麻の生産地における麻の加工方法について—他産地との比較を通して—」『民具研究』（１４２）　日本民具学会

篠崎茂雄　２０１１年「中枝武雄」『人物でみる栃木の歴史』　随想舎

篠崎茂雄　２０１４年「アサ利用の民俗学的研究　縄文時代のアサ利用を考えるために」『国立歴史民俗博物館研究報告』（１８７）　国立歴史民俗博物館

白井光太郎校註　１９７５年『大和本草』　有明書房

神宮司廳　１９１１年『古事類苑　植物部八』

杉山浩、高島大典、藤平利夫、西孝三郎　１９８３年『昭和57年度種苗特性分類調査報告書　種類名：あさ』　農林水産技術情報協会

辻誠一郎・南木睦彦　２００７年「縄文時代早期土器に付着した種実遺体」『菖蒲塚貝塚平成18年度発掘調査』　由利本荘市教育委員会

繊維学会編　１９８２年『繊維の形態』　朝倉書店

高島大典　１９８２年「無毒アサ「とちぎしろ」の育成について」『栃木農業試験研究所報』28、47—54

高千穂町　２００２年『高千穂町史　郷土史編』　高千穂町

竹内淳子　１９９５年『ものと人間の文化史　78—Ⅰ　草木布Ⅰ』　法政大学出版局

竹内淳子　２００５年「下野国のアサ栽培と貢納布」『草木布(1)　ものと人間の文化史』　１３７—１６３．　法政大学出版局

田代善吉　１９３７年『栃木縣史　巻九産業編』　下野史談會

田中熊雄　１９７１年「麻の生産習俗」『民俗資料緊急調査報告書—高千穂地方の民俗—』　宮崎県教育委員会

田中稔隆　１９７１年「麻作の伝承」『宮崎大学教育学部紀要　社会科学』（30）　宮崎大学教育学部

田辺悟　２００２年『ものと人間の文化史　１０６　網』　法政大学出版局

張建春　２００９年『漢麻種植与初加工技術』　化学工業出版社

月ヶ瀬村教育委員会　１９８４年『奈良さらし』　月ヶ瀬村教育委員会

都賀町史編纂委員会　１９８９年『都賀町史　民俗編』　都賀町

十日町市博物館・近世麻布研究会　２０１２年『四大麻布　越後縮・奈良晒・高宮布・越中布の糸と織り』

栃木県立郷土資料館　１９８３年『郷土資料調査報告第七集　秋山の民俗』

栃木県教育委員会　１９６８年『栃木県民俗資料調査報告書第３集　発光路・高取の民俗』　栃木県教育委員会
栃木縣經濟部　１９３５年『大麻及苧麻生産並ニ販賣統制ニ關スル調査』　栃木縣經濟部
栃木縣經濟部　１９３９年『農務事報第五號　野州の大麻』　栃木縣經濟部
栃木県史編さん委員会　１９７４年『栃木県史　史料編　近現代四』　栃木県
栃木県自主研修所編　１９８３年「本県の特産農産物「大麻」の現況」『職員による自主的調査研究活動の調査研究報告書』１４３―１６９．栃木県自主研究所
栃木県農業試験場　２００４年「静かな夜を取り戻せ！　～無毒麻品種「とちぎしろ」の育成～」『くらしと農業』　栃木県農業者懇談会
栃木県農務部　２００６年『農作物施肥基準』　栃木県
栃木県保健環境センター　２００７年『栃木県保健環境センター年報』12、27―33
栃木県立博物館　１９９９年『１９９９年企画展　麻　大いなる繊維』　栃木県立博物館
同　２００１年『栃木県立博物館調査研究報告書　野州麻の生産用具』　栃木県立博物館
同　２００８年『栃木県立博物館調査研究報告書　国指定重要有形民俗文化財　野州麻の生産用具』　栃木県立博物館
同　２００８年『平成20年春季企画展　野州麻　道具がかたる麻づくり』　栃木県立博物館
同　２００８年『野州麻―道具がかたる麻づくり―』　栃木県立博物館友の会
栃木県農業試験場　１９７９年『無毒大麻品質に関する検討会資料』　栃木県農業試験場
富山県教育委員会　１９６９年『立山民俗』　富山県教育委員会
鳥浜貝塚研究グループ編　１９８４年『鳥浜貝塚　１９８３年度調査概要・研究の成果―縄文前期を主とする低湿地遺跡の調査４―』　福井県教育委員会・福井県立若狭歴史民俗資料館
長野県教育委員会　１９７１年『長野県民俗資料調査報告11　裾花渓谷の民俗』　長野県教育委員会
永原慶二　２００４年『苧麻・麻・木綿の社会史』　吉川弘文館
名久井文明・名久井芳枝　２００８年『地域の記憶　岩手県葛巻町小田周辺の民俗誌』　物質文化研究所　一芦舎
奈良県立民俗博物館　２０００年『平成12年度特別展　奈良晒―近世南都を支えた布―』　奈良県立民俗博物館
布目順郎　１９９２年『目で見る　繊維の考古学　繊維遺物資料集成』　染織と生活社
根本和洋、Marasinghe T.、吉田清志、南峰夫、松島憲一、大井美知男　２００６年「長野県在来アサ品種「戸隠在来」に含まれるTHC成分含量の変異と選抜効果」『第38回長野県園芸研究会発表要旨』１２８―１２９
(独)農研機構中央農業総合研究センター　２０１０年『営農管理的アプローチによる鳥獣害防止技術の開発成果報告書』　農林水産省農林水産技術会議事務局
野沢和孝　１９８４年「大麻の研究」『宇都宮地理学年報』(2)　宇都宮大学地理学教室
橋本智　２００９年『とちぎ農作物はじまり物語』　随想舎
長谷川榮一郎・新里寶三　１９３７年『大麻の研究』　長谷川唯一郎商店
秦荘町教育委員会　２００４年『今に伝わる近江上布の織りと染め』　秦荘町教育委員会
八戸市博物館　２００７年『八戸市博物館収蔵資料目録　民俗編(1)』
林博章　２００７年『日本の建国と阿波忌部』　阿波歴史民族研究会
原明芳　２０１８年「信濃布」の考古学」『信濃』(70)８　信濃史学会
彦根市　１９６２年『彦根市史　中冊』　彦根市役所
日高正晴　１９７１年「麻の生産用具(一)」『民俗資料緊急調査報告書―高千穂地方の民俗―』　宮崎県教育委員会
平野哲也　２００１年「江戸時代後期における鹿沼麻の流通―在地商人による麻と魚肥との相互流通―」『鹿沼市史研究紀要かぬま歴史と文化』(６)　鹿沼市
広島市教育委員会　１９９０年『広島市郷土資料館資料解説書第5集　あさづくり』
福井県教育委員会　１９６４年『福井県民俗資料緊急調査報告書』　福井県教育委員会
福井県立博物館　１９９６年『福井県の手織機と紡織用具』　福井県立博物館
福井県立若狭歴史民俗資料館　２００２年『特別展　鳥浜貝塚とその時代』　福井県立若狭歴史民俗資料館
富士吉田市史編さん委員会　１９９６年『富士吉田市史　民俗編　第一巻』　富士吉田市
富士吉田市史編さん室　１９８５年『新屋の民俗』　富士吉田市
船山泰範　１９８７年「大麻取締法1条にいう大麻草(カンナビス・サティバ・エル)の意義」『警察研究』55(5)、87
星川清親　１９８７年『栽培植物の起源と伝播』　二宮書店
北海道庁農政部　２０１４年『北海道産業用大麻可能性検討会に関するホームページ』
北海道産業用大麻協会　２０１５年『ヨーロッパ産業用大麻国際会議報告書』　北海道産業用大麻協会
増田勝彦他　２０１８年「正倉院宝物特別調査　麻調査報告」『正倉院紀要』(40)　宮内庁正倉院事務所
丸橋勝太郎　１９８３年『櫻木　大麻製造實験略記』
三河繊維振興会　１９７５年『三河繊維産地の歴史』　三河繊維振興会
三野耕治　２００６年「和の伝統―未利用資源としての麻―」『しゃりばり』２８９、22―25
壬生町史編さん委員会　１９８５年『壬生町史　民俗編』　壬生町
宮崎県　１９９２年『宮崎県史　資料編　民俗Ⅰ』　宮崎県
宮本八惠子　『麻作りの里で』（私家版）
山田恭子編　２００７年『週刊人間国宝42　工芸技術・染織９』　朝日新聞社
山梨県教育委員会　１９６４年『山梨県民俗資料調査報告書　第６集』　山梨県教育委員会
山根一芳　２０１４年『備後表と麻』　ヤマネ株式会社
山本郁夫　１９９２年「大麻文化科学考(その３)」『北陸大学紀要』16　北陸大学
吉川親雄　１９７７年「麻糸作りの習俗」『日向民俗』(32)　日向民俗学会
吉川昌伸、工藤雄一郎　２０１４年「アサ花粉の同定とその散布」『国立歴史民俗博物館報告』１８７、４４１―４５６
世取山守、伊藤功、高島大典、正山征洋、西岡五夫　１９８０年「アサの品種改良に関する研究　高速液体クロマトグラフィーによるカンナビノイドの検討」『薬学雑誌』１００(6)、６１１―６１４
世取山守、江連陽子、八島里美、大森亮一、鈴木秀夫　１９８９年「HPLCによる主な大麻成分の精製と大麻中のTHCA含量について」『栃木衛生研究所所報』19、47―49
世取山守、沼尾公道　１９７９年「Cannabidiolic Acid（CBDA）種アサとTetrahydrocannabinolic Acid（THCA）種アサの交配種のカンナビノイドについて」『衛生化学』25(3)、１６６―１６８
栗東歴史民俗資料館　１９９２年『織りへのいざない　木綿・麻・藤の紡織技術』
脇田雅彦　２００２年「岐阜県のアサの伝承―加工技法を中心に」『もの・モノ・物の世界―新たな日本文化論』　雄山閣
Lee I-J., Kohjouma M., Iida O., Sekita S., Makino Y., Satake N. (2003). Analytical studies on Cannabis sativa varieties introduced into Japan Part II. Food & Food Ingred J., 208 (4), 297-302.

● さくいん ●

≪執筆者紹介≫
倉井耕一（くらい　こういち）　元栃木県農業試験場
赤星栄志（あかほし　よしゆき）　日本大学生物資源科学部研究員
篠﨑茂雄（しのざき　しげお）　栃木県立博物館部長補佐兼人文課長
平野哲也（ひらの　てつや）　常磐大学人間科学部教授
大森芳紀（おおもり　よしのり）　栃木県鹿沼市・野州麻紙工房主宰
橋本　智（はしもと　さとし）　栃木県立宇都宮白楊高等学校主幹教諭・農場長

≪大麻栽培ほか情報拠点≫
日本麻振興会　栃木県鹿沼市（代表：大森由久）　TEL.080-2394-7574
栃木県立博物館　栃木県宇都宮市　TEL. 028-634-1313
大麻博物館　栃木県那須町　TEL.0287-62-8093
野州麻紙工房　栃木県鹿沼市（大森芳紀）　TEL. 0289-84-8511

地域資源を活かす　生活工芸双書
大麻《あさ》

2019年5月25日　第1刷発行
2023年3月10日　第2刷発行

著者
倉井耕一／赤星栄志／篠﨑茂雄／平野哲也／大森芳紀／橋本 智

発行所
一般社団法人 農山漁村文化協会
〒335 - 0022　埼玉県戸田市上戸田2 - 2 - 2
電話：048（233）9351（営業）, 048（233）9355（編集）
FAX：048（299）2812　振替：00120 - 3 - 144478
URL：https://www.ruralnet.or.jp/

印刷・製本
凸版印刷株式会社

ISBN 978 - 4 - 540 - 17114 - 7
〈検印廃止〉

装幀／高坂　均
DTP制作／ケー・アイ・プランニング／メディアネット／鶴田環恵
定価はカバーに表示　乱丁・落丁本はお取り替えいたします。